U0175559

Dress Like a Parisian

穿出巴黎范儿

（法）爱洛伊斯·魁努特 著
张慧琴 译

辽宁科学技术出版社
·沈阳·

First published in Great Britain in 2018
Under the title Dress Like a Parisian
by Mitchell Beazley, a division of Octopus Publishing Group Ltd, Carmelite House, 50 Victoria Embankment, London EC4Y 0DZ

图书在版编目（CIP）数据

穿出巴黎范儿 / (法) 爱洛伊斯・魁努特著 ; 张慧琴译. — 沈阳 : 辽宁科学技术出版社, 2021.11
ISBN 978-7-5591-2293-3

Ⅰ. ①穿… Ⅱ. ①爱… ②张… Ⅲ. ①服装设计—法国 Ⅳ. ①TS941.2

中国版本图书馆 CIP 数据核字 (2021) 第 197663 号

出版发行：辽宁科学技术出版社
（地址：沈阳市和平区十一纬路 25 号　邮编：110003）
印 刷 者：辽宁新华印务有限公司
经 销 者：各地新华书店
幅面尺寸：145mm × 210mm
印　　张：7.5
字　　数：200 千字
出版时间：2021 年 11 月第 1 版
印刷时间：2021 年 11 月第 1 次印刷
责任编辑：张歌燕
装帧设计：袁　舒
责任校对：徐　跃

书　　号：ISBN 978-7-5591-2293-3
定　　价：68.00 元

联系电话：024-23284354
邮购热线：024-23284502
E-mail:geyan_zhang@163.com

目录

前言：
关于巴黎范儿

为什么会有很多关于法国尤其是巴黎穿搭的书呢？难道我们真的有一些连我们自己都不知道的神秘之处吗？

是的，我们有。这并不意味着巴黎女人是世界上最时尚的女人（好吧，虽然有那么一点点……）。不可否认，在这个全球化背景下几乎每个城市都被同样的时尚大品牌征服的时代，穿出巴黎范儿确实被时尚人士认同。

你不必只有身在巴黎才能穿得像个巴黎人，也不是所有的巴黎人都穿同一种服装。穿出巴黎范儿实际上是一种态度。它可能是与生俱来的，也可能是学习到的。如果你还不懂得怎样穿出巴黎范儿，那么这本书就是为你而写。

在开始之前，我们先来了解一下巴黎范儿穿搭的 7 个关键点。

Aloïs

巴黎范儿的整体特色

1. 舒适

巴黎女人身上总是散发着一种自然美。

实际上，想要真正打造日常巴黎范儿并不复杂：穿上基本款的衣服，搭配精美绝伦的首饰，再加上随意选择的点睛饰物。切记发型不要过于夸张，口红色一定要大胆夺目。

选购衣服的关键是要花时间找到最适合你的基本款、彰显你个性的服装、精彩的配饰，以及能让你容光焕发的口红颜色。至于发型，我们不太喜欢用吹风机吹干或拉直头发（实际用“慵懒”这个词来描绘头发的状态最为恰当）。

穿出巴黎范儿很容易就能做到，但这并不意味着我们总是能在很短时间内就准备就绪。巴黎女人，为了给人留下更加独特的印象，可能会在参加鸡尾酒会或晚宴前换好几套衣服。我们天生就想与众不同。

巴黎女人从始至终都会自然得体、风格精致，让所有人都感觉这一切都是信手拈来，从容淡定。

2. 优雅

巴黎女人永远有理由保持精致，其优雅的最佳秘诀在于优雅的着装。

优雅的巴黎女人随处可见，她们一生与优雅相伴。即使是下楼去杂货店买东西的老奶奶，也要披着优雅得体的外套，戴着耳环，穿着小高跟鞋。在巴黎，保持优雅是一种日常生活中的礼貌。

但是，请不要误以为优雅是保守或者是单调。你可以穿破洞牛仔裤，穿印花 T 恤，打耳洞，穿磨破的匡威鞋，但仍然不失优雅。这完全取决于你所选择的服装和着装的态度。

对于巴黎女人，如果需要外出旅游或漫步一整天又该如何优雅呢？一双漂亮时髦的平底鞋配上漂亮的夏季连衣裙，或者是牛仔短裤搭配凉鞋，即可悠然享受假日时光；如果是周末去商场购物，无须化精致的妆（或许只要花几秒来涂点口红），且不需要刻意修饰自己的发型（像往常一样即可），只要穿上合体的牛仔裤，外搭裁剪得体的海魂衫，优雅时尚就这样完美登场了。

3. 时尚且低调

当你想到巴黎范儿时，首先浮现在脑海中的词汇可能是“轻松、别致、低调”，有些人甚至会说“无聊”。

不可否认，我们大多数的时尚人物，从女演员到网络博主，基于对时尚的不同认识，形成了各自独特的穿衣风格，但是这些不同又有个性的选择又何尝不是体现了一种追求美的生活态度呢？

当然，也有人的穿衣风格更“胆大、豪放”。但是，即使是身着最性感的红色派对礼服，巴黎女人也不会让人感觉“过分”。这是因为她们沉稳的气质，以及发型、妆容等诸多方面表现出来的貌似随意或慵懒，让她们穿什么都不会显得出格。

最后，我想补充一句，在如今这个人人都想脱颖而出的世界里，保持谨慎难道不算是种优雅吗？

4. 性感

啊，巴黎女人是世界上最美丽的女人。不是吗？

这么说可能有点夸张、有点自大，但是我们确实很性感，不是吗？尽管我们的服饰、发型和妆容在一定程度上并不比其他国家的女人更性感。

但是，凭我对巴黎女人的深入分析，我确信“自然”可能是让我们看起来性感的秘密武器。我们对美的本质的理解在于自然而自信地展示真实的自己，而不是靠添加外在的装饰或刻意掩饰自己的缺陷。因此，远离任何可能过度改变我们的东西，比如浓妆艳抹、过度修饰的发型、整形手术以及各类非自然手段等。

女人的性感与生俱来，与我们割舍不断。要学会如何凸显个性，使之成为我们最好的资本，而不是被所谓的时尚套路。

5. 有趣

巴黎女人喜欢借助盛装打扮来展现创造力，想用服装来取悦的人应该说是我们自己。

我们对所谓的时尚不是很在意，时尚对我们来说也无足轻重。我发现我的英美客户经常问我有关服装的款式、颜色和花色的流行趋势是什么，而我的法国客户则从来不问。即使如此，巴黎女人照样可以随心所欲地追求时尚，只要她喜欢，她不会介意“随波逐流”的穿搭，即使跟多数同事穿着同款的运动鞋也无所谓。

如果你问巴黎女人，她会说她崇尚自由，不在乎规矩。事实上，自由在她的 DNA 中根深蒂固，在潜意识里已经是如影随形。

即使有那么多的穿衣法则，法式风格仍独具智慧与幽默。时髦的印花，头上的围巾，一枚古董胸针，这些都能营造出法式风格。

“轻松一点，不要想太多。”如果说真有什么穿衣法则，那这一点就算是巴黎女人的法则吧！

6. 个性

每个巴黎女人都梦想拥有属于自己的“标志性风格”——巴黎女人的风格就和巴黎女人一样多：波希米亚风，摇滚风，古典风，迷人风，文艺风……

但是，说实话，我们对美的要素的基本认识和追求是一致的，这可能会让我们看起来大同小异。比如，我们经常会遇到跟我们一样穿着条纹上衣搭配牛仔裤和细高跟鞋的朋友。事实上，我们会和很多朋友一样喜欢相同的东西。

尽管如此，巴黎女人依然梦想着自己独一无二。对我们来说，体现个性在于从细节着手。比如，我们可能会选择一些不知名品牌的服装，或是在商业街上淘一些稀奇的物品。再没有比在跳蚤市场淘到一件好看的衣服让巴黎女人更高兴的事了。

每两个巴黎女人就可能拥有同一款风衣，但她们都会以各自不同的方式来穿搭。这就是巴黎女人体现个性的方式。

7. 打破规则

巴黎女人是无拘无束的。

接下来你要读的内容都仅仅是一些建议。更准确地说，你可以选择遵循，也可以选择打破。

我在这本书里讲的是一种典型的时尚的巴黎风格。你可以把这本书想象成是一本关于法国美食的烹饪书：全是关于法式调料的（但是没有香料和调味汁）。这本书和所有好的烹饪书一样，既会介绍一些简单的“食谱”，当然也有一些更高级的“大餐”。

有些人会争辩说，风格是一种艺术，不应该受到规则的限制……我在这本书中分享的不是“规则”，而是更多的指导方法、造型技巧和灵感，供那些想变得更时尚、更别致的人参考。花点时间继续读下去，希望到最后你能轻松穿出巴黎范儿。

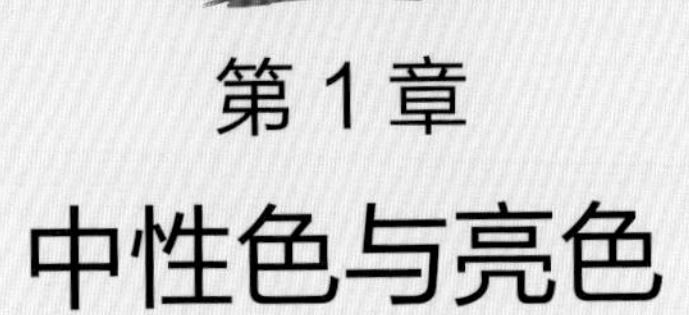

第 1 章 中性色与亮色

Neutrals & Brights

巴黎风格的色彩

The Parisian Approach to Couleur

传说巴黎女人只穿黑色衣服。非常感谢可可·香奈儿（coco chanel）发明了小黑裙，让它风靡全世界。但这并不意味着我们所有人所有时间只穿小黑裙或黑色。

可以说，我们最喜欢的颜色是中性色。在日常生活中，我们的每一套衣服都至少包含一种中性色。我对中性色的定义是，不与其他颜色冲突的颜色。中性色可以是黑色、白色、灰色、米色、海军蓝，或者是它们的相似色，如奶油色、沙色、灰褐色等。我认为天然皮革和牛仔布的颜色也是中性色，因为它们能搭配任何色彩的东西。

一个完美的衣橱需要有许多中性色的衣服，每件衣服都具有奇妙的能力，你可以用它创造出无数种组合。拥有大量中性色的衣服会让你出门前的早晨变得更加轻松，因为你即使选择最大胆的衣服也总会找到很好的搭配。而且中性色衣服彼此之间也能搭配协调。

当然，我们也穿其他的颜色。因为我们喜欢低调、柔和的色调，所以我们通常会选择朴素的颜色作为主色，比如精致的玫瑰色、暴风蓝或绿色，我们更喜欢用这些颜色来凸显自我，而不是紫红色、铁蓝色或亮绿色。

那么接下来，让我带你看看中性风，然后再去了解其他颜色和使用方法。

“我们最喜欢的颜色是中性色。当然，我们也会穿一些其他的颜色。”

黑色和海军蓝

黑色是巴黎女人衣橱中的必备色，它向来被认为是一种优雅并且百搭的颜色。然而，人们对黑色的许多认知并不正确。

“黑色匹配一切”

不是真的。由于黑色给人一种复杂、考究的感觉，它与印花或明亮、新鲜的颜色并不搭配——洗旧的黑色牛仔裤除外。

黑色是光谱中最深的颜色，能使其他颜色显得更亮。因此，如果是黑色搭配一种大胆的颜色时，让其中一种颜色成为主导，这样的对比才好看。例如：

- 黑色礼服配黄色鞋子 = 哦，是的！
- 黄色连衣裙配黑色鞋子 = 哦，是的！
- 黑色裤子配黄色上衣 = 哦，不，太像大黄蜂了（亲爱的大黄蜂，请不要生气）……

“黑色等于优雅”

除非你穿得很时髦，否则上下全黑的服装只会让你看起来像隐形了一样。

如何穿着黑色

明亮温暖的颜色，如红色、紫红色、铁锈色、向日葵黄色，当然还有金色，与黑色相搭会使黑色显得活泼优雅。

黑色要避免搭配霓虹色，因为与黑色相比，这些颜色缺乏细腻感。

银色、灰色和蓝色与黑色相搭会有一种很酷的都市感。

对于较大的衣服，选择深色可以创造微妙的对比，让黑色衣服看起来很性感，比如橄榄绿、海军蓝、酒红色、深紫色或者焦橙色。或者试试淡色和不同明暗程度的白色，与黑色搭配在一起就可以淡化女孩子气。

加入海军蓝

如果你觉得黑色对你来说太复杂或太刺眼，可以考虑用海军蓝取而代之。海军蓝更优雅、更世俗。与黑色不同，海军蓝几乎匹配所有颜色，由于颜色较浅，与明亮的色调对比更巧妙。

黑色必需品

1. 平底鞋
2. 高跟鞋
3. 包
4. 紧身衣（连裤袜）
5. 上装
6. 毛衣
7. 裤子
8. 裙子

“黑色和白色的服饰不能容忍显脏或廉价的质感。”

白色

白色是所有颜色中最纯粹的颜色。对于一个整天坐地铁或骑自行车的巴黎人来说，穿着白色是危险的。当然，为了获得新鲜的、自然的、明亮的感觉，白色的上衣绝对值得冒险。白色衣服也会让你在聚会上或鸡尾酒会上脱颖而出（当然，要时刻避免弄上污渍）。

加入灰蒙阴影

为了形成柔和的对比，可以选择苍白和灰蒙蒙的颜色：白色T恤搭配褪色的蓝色衬衫、淡粉色裙子或灰色夹克会让人惊叹不已。

温暖的中性色

将白色与精致的珍珠色、香槟色、银色或玫瑰金色搭配起来，让它们闪闪发光。

中性色

卡其色、米黄色或焦糖色皮革是白色的永恒之友。

深色或柔和的色调

避免过于饱和的颜色，如大胆的红色或霓虹色，选择更低调或柔和的色调。

白色为主

全身白色，看起来清新纯净。你可以用自然的颜色来装饰白色，还可以通过衣服的透明感和裁剪款式来玩转白色。你也可以选择白色作为关键部位，比如上衣、运动夹克、裤子或外套（不过后面两件更适合只坐在干净地方的人穿）。

像泡泡一样白

用白色作为高光色。把白色的T恤或衬衫穿在某件衣服下面是一个很好的穿搭方式，可以增加服装的轻盈感。想象一下：一件深蓝色的牛仔裤配上深绿色的开司米毛衣……不错，但是感觉缺少点活力。如果在毛衣里面加一件白衬衫，让袖子、领子和下摆都露出来，瞧，你就有了一套完全不同的穿搭，毛衣和牛仔裤在白衬衫的点缀下都显得很突出。

白色必需品

- 许多白色上装如T恤、衬衫
- 白色牛仔裤
- 白色夏裙

米色和裸色

米色和裸色相对于灰色或海军蓝等冷中性色而言，可统称为暖中性色。因为与皮肤的颜色很相近（从苍白肤色到暗色调），米黄色几乎可以与任何肤色相配。裸色在夸张的表现下也会有同样的百搭效果。

选择与您肤色最适配的色调，但是要注意：当穿着的色调与面部肤色太靠近时，这些颜色可能会使肤色看起来暗淡。推荐您选用略浓的妆容和鲜亮的配饰来弥补这一不足。

米色和裸色通常被认为是日间的颜色，但是如果服饰面料光泽度强，就可以用作晚装。

必需入手品

- 风衣
- 保暖羊毛上衣
- 贴身背心

米色和裸色适搭的颜色

- 柔和色

白色、米色和裸色，都与柔和、微妙的色调相匹配，包括白色。

- 暖色调

米色和裸色与暖色调颜色的匹配度都很高，比如棕色、红色、酒红色和黄色。

- 暗色调

米色和裸色与暗色调的适配度很高，比如森林绿、李子色和焦橙色。它们同样能够使黑色显得更加日常（例如小黑裙搭配一件米色风衣外套），但是和海军蓝搭配在一起则显得太保守。

- 荧光色

米色和裸色是能中和荧光色或霓虹色的终极色调。

灰色

灰色给人一种很酷的都市感，至少可以假装你是个很专业的人。灰色最适合白天穿着，但如果你想晚上出去玩，就得像灰姑娘一样把它装饰一下，然后把它变成银色（我保证你不会在午夜变成南瓜）。

灰色搭配

- 柔和的色彩

搭配中性的灰色，是使淡雅柔和的色彩看起来前卫的最佳选择。

- 深色

灰色搭配黑色和/或冷蓝色，再配上银色饰品，效果很好。

- 鲜艳的颜色

灰色也适合搭配醒目的色调，如橘红色、亮黄色、亮红色或芭比粉色。

有用的灰色单品

- T恤
- 羊绒衫或羊毛衫
- 西装外套

玩转你的中性色

我在前几页上列出的所有关键中性色都能一起搭配。你可以同时穿深蓝色长裤、白色衬衫、米色风衣和黑色配饰。

不过，只穿中性色有时会显得很单调。用一种简单的方法就可以解决这个问题，即用明亮的色彩使中性色更活跃。红色、印花、金属色，以及任何反光的东西，都是非常有效的补救措施。

明亮色的配饰或妆容都可以点亮整体的中性色。

- 口红
- 指甲油
- 鞋子
- 包
- 围巾
- 手套
- 帽子
- 珠宝

开始了解色彩

虽然大多数巴黎女人的衣橱里并不是丰富多彩的，但很多人似乎天生就擅长颜色搭配。这种能力可以通过色轮（见下文）来学习。色轮包含光谱中的所有颜色：原色、间色和复色，以及色轮设计者想要表示的所有颜色。

需要注意的是，色轮只显示最强烈的色调，但不显示较深或较浅的颜色，比如深蓝色或浅蓝色。

为了创造性地混合颜色，记住颜色可以由两个基本参数决定：

色相：颜色的名称——蓝色、绿色、青绿色……它们是无限的。

强度：颜色的明暗程度。对于微妙的色彩搭配，我建议你多用不那么强烈的色调，少用亮色。

请注意，本章中的配色技巧将适用于色相在强度方面的任何变化。

"有些巴黎女人似乎天生就擅长颜色的搭配。"

经典及以外的

提到“色彩”这个词，人们脑海中总会浮现出一些经典的颜色。对于巴黎女人来说，她们总会想到的是中性色，这一点显而易见。夸张的颜色在巴黎女人中不太流行，主要用来装饰，当然，亮红色（见第 32、33 页）除外。其他夸张的颜色在巴黎女人中不太流行。淡彩色（见第 31 页）基本上是一种颜色的白色版本……和无数你甚至叫不出名字的复杂色调。

但无法叫出名字并不等于不能穿。事实上，颜色越复杂，穿起来就越有趣（比如棕灰色、暴风蓝、淡蓝色……）。这意味着有一个色彩设计师在幕后，研究他或她可以创造什么新的色调，以获得意想不到的效果。

色彩警告

• 在快时尚中，你会发现太多“现成”的色彩对肤色不利 (看到架子上那个闪亮的绿松石色、廉价的涤纶上衣了吗？不要去那里)。

• 夸张的与饱和的颜色最适合搭配高质量的布料和适合你肤色的色调。

安全又时尚

为了看起来与众不同且时尚，我建议你选择以下主要颜色：

• 浅色或深色。

• 介于两者之间的色调 (如黄橙色、紫蓝色)。

• 柔和的与不太强烈的颜色——这些颜色更容易搭配，因为它们的对比更柔和，所以你不必过于担心色彩的激烈冲突或色彩过多。(另见第 28 页的提示)

互补色

互补色在平衡的同时能增强彼此的特点。

反向吸引

观察色轮，上面成180°角的两种颜色为互补色。你觉得你深蓝色的外套有一种冰冷和悲伤的感觉吗？穿上一双暖橙色皮靴，活力立刻又回来了。有一些互补色的混合色是有史以来很经典的配色，典型的例子是苏格兰格子图案的红色和绿色。这说明，蓝绿色搭配橙红色很好看。

同色系风格

如果你想找更谨慎的搭配，你可以选择邻近的颜色。这些颜色在色轮上是相邻的，比如绿色和蓝色，或者红色和橙色。如果想换种更有趣的搭配，选择互补色也不会出错。例如，蓝色和黄色搭配很好看，绿色和紫色搭配也很好看。

保持低调

将浓烈的颜色搭配在一起，看起来会很不舒服……巴黎女人绝对不会这么做。

颜色搭配建议

- 添加一种流行的颜色，比如蓝色的裙子和橙色的耳环。
- 红色鞋子和绿色毛衣会被蓝色牛仔裤和经典的米色风衣所弱化。
- 选择柔和色调的橙色裙子，搭配深紫色上衣或淡紫色上衣，而不是纯紫色。
- 如果你一定要用浓烈的色调来遮盖颜色，试试邻近的颜色：红色和紫色或红色和橙色，肯定会让你显得与众不同。但这不是很法国，亲爱的。

淡彩色

淡彩色是指柔和、浅淡的色彩。如果你是个画家，你可以通过把白色添加到调色板上来获得淡彩色。

淡彩色自然而然地与天真和甜蜜联系在一起，成年人穿着它们可能会不太适合。如果你想要一个不那么甜美的效果，可以选择灰色或者淡粉色。

“如果你不喜欢太甜美的风格，那么淡彩色可能有点麻烦。”

如何搭配淡彩色

主要搭配

- **中性色**
白色、灰色、米黄色和裸色与淡彩色是完美的搭配。
- **其他淡彩色**
淡彩色彼此之间也很搭。当然，选用淡彩色时，互补色与相邻色原则仍然有效。
- **牛仔裤**
牛仔裤与淡彩色也很搭，因为牛仔裤让一切柔软的东西看起来都很酷，而不是女孩子气。

强调色搭配

- **黑色**
黑色配饰让淡彩色服装看起来更前卫。
- **亮红色**
它会让任何淡彩色服装都生动起来。除亮红色外，柠檬黄也可以，比如与淡紫色或蓝色搭配。
- **豹纹**
这个不适合搭任何颜色，不过可以试试淡黄色或淡蓝色。

亮红色

作为典型的感官色彩，亮红色是巴黎女人最喜爱的强调色。它就像一根魔杖，可以把一件普通的衣服变得时髦并充满活力。

你可以用亮红色来强调几乎所有的颜色，因为它很容易搭配。根据你的肤色、你当天的心情或者你穿的其他颜色来选择你完美的红色。含有黄色的红色感觉像燃烧的火焰，而粉红色给人清新的感觉，含有蓝色的红色感觉更成熟。

最爱的亮红色单品

- 口红
- 指甲油
- 鞋子
- 包
- 精美印花
- 精致的珠宝

最受欢迎的红色搭配

柔和的中性色

灰色、米色和驼色常常和大胆醒目的色调搭配在一起，它们之间这种巧妙的颜色反差可以让高亮度的色调变得柔和。你可以想象一下，一条小红裙配上一件米色风衣，是不是特别可爱?

黑色

如果你想用黑色搭配红色，我建议把其中一种颜色作为主色，那么另外一个颜色就会成为点睛之笔。但要记住，千万别选廉价的材质！听我的，不然看起来就像在cosplay一个老巫婆一样。还有，穿红色的裙子就应该搭配黑色的鞋和一个轻便一点的包。

白色

白色和红色这两种颜色搭在一起能让你看起来青春又纯真，秒变碧姬·芭铎！你可以试试用红色短裙配一件白T恤，白色七分牛仔裤配红色帆布鞋也很不错哦！

黑白印花

印花是一种很精巧的花饰，可以作为补充黑红搭配的另一种元素。你想想，黑白格纹的迷你短裤配上红色毛衣，再搭配一下黑色连裤袜和鞋，是不是还挺不错的?

粉色

无论柔和还是醒目的色调，邻近色永远会形成好的搭配。所以，红色迷你裙配粉色T恤会是个很棒的选择。

紫红色

红色与紫红色的搭配当然要用到卡马约（camaieu）技巧，也就是将两种非常相似的颜色搭配在一起，这样的技巧总能带给你惊喜。想象一下，性感夺目的红色及地长裙，配上一件紫红色的吊带背心，想想都觉得很惊艳。

淡彩色

我建议把柔和淡彩色作为主色调，红色作为点睛之笔。它可以减轻淡彩色带来的甜腻，使其看起来充满活力。

卡其色

土黄色调的卡其色与性感的亮红色形成了鲜明对比。你想想，一件超大的军装风夹克搭配一条红色迷你裙，是不是还不错?

蓝色

红色和蓝色一直是经典搭配（法国国旗上的配色就是最成功的案例），红色可以和各种不同色度的蓝色搭配。穿上你的牛仔裤和红靴子，再搭配一件白色T恤怎么样?

印花

如果想让红色看起来柔和一些，你可以选择红色印花，比如红白相间细条纹衬衫、印有红色花朵的黑色打底衫、红色条纹或者海军蓝条纹。

小提示：红色和白色如果用相同比例混合，可能会缺少点东西。相反，使用其中一种颜色作为主色，另一种作为细节色就会好很多。比如，一件白衬衫裙配上红唇和红指甲，或者一件白衬衫的边缘露在红色毛衣之外。实际上，你也可以用一件包含其他颜色的衣服来实现这种效果，比如白色圆点红裙子搭配白色背心。

单色系

什么叫作单色系服装呢？就是指从头到脚都穿同一种颜色。如果搭配得不好，很容易让你看起来没有活力。

法式单色系（Camaïeu）

法式单色系即将同一种颜色的不同色调完美地组合在一起。同一种颜色会有不同的色调，这是由色相强度的差异引起的。搭配单色系时，你可以尝试改变其中一个或者全部。

- 全身变化：比如一身黄色套装，可以选择从头至脚由浅到深地过渡。
- 局部变化：同样的黄色套装，另一种搭配方法是：淡黄色上衣、深黄色靴子、亮黄色镜框眼镜、米黄色风衣和浅蓝色牛仔裤。

虽然巴黎女人的最爱是黑色，但你仍然可以选择其他颜色，只要你有可以和它搭配的衣服。可我还是想说，深色是最容易搭配的颜色。在某些场合，颜色鲜艳的裙子、鞋子和妆容确实是个很大胆的选择，但是中性色调的单色可以让你看上去很优雅。给你一个小建议，一定不要显得太沉闷了。

让黑色变得时髦的小建议

纹理选择
摸起来顺滑的黑色牛仔裤配相同质感的毛衣?哦，还是算了吧！不如选择黑色纯棉牛仔裤，搭配宽松的毛衣，这样才对。

光泽度
面料的好坏取决于对光的利用。每一种面料都会与光产生不同的反应。注意如何搭配好亚光与珠光、不透明与透明的面料。

剪裁款式
除了颜色，还要考虑到服装的剪裁款式。不管是紧身的还是宽松的，简洁的还是复杂的，最重要的是搭配得当。

选择有质感的面料
廉价的涤纶面料与黑色不搭。我建议你选择丝绸或者漂亮的棉布或牛仔布，高端的合成面料也可以。

搭配饰品
搭配一些或大或小的金银首饰，这样轻轻松松地就能吸引别人的注意。

完美的搭配
戴上一两件对比色的配饰，比如鞋子、手套。或者也可以穿红色或金色的鞋子搭配黑色连体衣。你也可以用更巧妙的方式制造出不那么强烈的对比，我想紫红色配海军蓝、黄色配裸色都是不错的选择。

丢弃三色原则

每个人对时尚都有自己的理解。有人觉得红色不适合金发女郎，不要把黑色和海军蓝混在一起，金色和银色不适合一起搭配。还有最重要的一点：一套衣服不要超过 3 种颜色，否则，你看起来会像只鹦鹉或像个小丑。

这真有点荒谬！我想说，你完全可以选择同时穿 3 种以上颜色，只要搭配得当。下面就来教你怎样来搭配。

调和亮色

选择亮色时，颜色控制在 3 种以内是最好的。如果你选择同时穿上了多种亮色时，也没关系，可以将其中一种颜色作为主色，其他颜色作为辅助色。或者把它们都当辅助色。小面积的亮色比用大色块的拼接要好。比如，亮红色的毛衣配浅蓝色的牛仔裤和紫红色的鞋子，或者白色 T 恤配蓝色牛仔裤和风衣，搭配亮红色腰带和紫红色鞋子。

选择强度低的色调

比如，柔和的色调淡彩色，因为它们不那么艳丽，所以更容易搭配。

加入中性色

中性色可是巴黎女人的秘密武器。我们在一套服装中加入中性色，即使身上有多种颜色也不失优雅。举个例子，如果你穿的是一件淡蓝色上衣配一条亮绿色的裙子，指甲是浅粉色的，那么就搭配一双奶油色的匡威鞋和一件米色的风衣。

运用单色系搭配技巧（见第35页）

因为同一种颜色的几个色度感觉就像一种颜色。想象一下，一件褪色的蓝色上衣配上铁蓝色腰带，再穿上蓝色牛仔裤和深蓝色靴子。

选择印花

印花本身就可以证明三色原则并非真理，因为它们通常包含更多的颜色。穿印花衣服通常意味着你已经打破了三色原则，而且变得更好。

记住下面这个“公式”

仅用 3 种亮色

比如：

一件亮绿色背心

+

一件亮黄色衬衫

+

一条红裙子

=

小丑

尽管你遵循了所谓三色原则

3 种亮色
融合中性色

比如下面的例子：

一个亮绿色的包

+

亮黄色的鞋子

+

亮红色的口红和指甲油

+

淡蓝色的牛仔裤

+

一件白色衬衫

=

优雅

即使你穿了
5种颜色的衣服

别搭配过头了！

我们的长辈一代非常注重衣服的细节搭配，认为这样穿很优雅。但如今，这种穿衣方式会让人觉得用力过猛。我们可以毫不费力地穿得像个巴黎女人，但这是否意味着就够了呢？不是的。我们还要注意过分搭配的问题，我会把它理解为搭配得非常显眼。例如，在两件看起来明显差距很大的衣服上搭配相同的亮色，与衣服的其他部分形成强烈对比。

温馨小提示：

- 搭配的饰品越多，你就越有可能犯错误（除非你穿一身单色系的服装，请看第35页）。比如，绿松石色的包，绿松石色的鞋，绿松石色的指甲。绿色太多了！
- 要避免夹心效应，也叫蜜蜂效应（都是我起的名字）。想想你穿了一双红鞋子，一条黑裤子，一件红上衣，一件黑外套，一只红色口红。哦，天哪！千万不要这样穿。

如何搭配才恰如其分

- 将你印花服装上的色彩与另一件物品搭配起来。比如你有一件带红点的衬衫，那可以搭配一个红色的包。
- 将妆容与服装颜色相搭配。比如选择红唇搭配上面提到的红点衬衫。
- 用部分首饰与衣服搭配。比如用简单的红色耳环配红点衬衫。
- 近距离的服饰相搭配。比如用红腰带或红色包搭配红点衬衫，而不是用红色包来搭配红色的鞋。
- 搭配不饱和色，如更深或更浅的色调。举个例子，酒红色的鞋子和酒红色的腰带搭配在一起，就不会像红色腰带搭配红色鞋子那么明显。
- 搭配中性色。白色、黑色或米色的衣服搭配在一起，就显得十分低调。黑色的包搭配黑色的鞋是最普通的打扮。
- 搭配相近的色调。因为粉色和黑色之间有强烈的对比，所以黑色外套搭配粉色鞋子和粉色包是非常显眼的。如果是穿上一整套粉色系的服装，往往就会显得很低调。

闪亮的服饰

虽然我是巴黎人，但我深信我的血管里有对一些闪闪发光的东西的热爱。当然，闪亮并不是严格意义上的颜色。

无论是白天还是晚上，或多或少的亮片设计都会让一件衣服脱颖而出，这就是巴黎人喜欢它的原因。你也可以看到，无论何时何地都有巴黎人穿着亮晶晶的单品。

但是你要知道，凡事都要适度，我建议你从一种亮晶晶的东西开始你的搭配，它可以是任何东西，鞋子、裤子、上衣或包都可以，最重要的是要有创意，不要只局限于金银配饰。你觉得深蓝色亮片或粉色金属亮片怎么样？嘿，你懂的，这就像有时候你可以喝到比推荐单上的更多的酒，或者在夜幕降临时穿得更华丽。亮片或金属无论是服饰上的还是妆容上的，都是最吸引我们眼球的元素。

亮点放在何处

- 金银线（衣服上）
- 亮片（衣服上）
- 闪粉（脸上或衣服上）
- 金属（脸上或衣服上）

白天的闪亮搭配

- 亮色细节最适合用在白天的穿搭中：一双闪亮的袜子、金属色的鞋子、银色的眼线和金属色亮片会为你增色不少。
- 金属质感的服装和饰品更适合出现在派对中。
- 想要获得自信吗？那你应该尝试穿一件不易损坏的闪光的衣服，比如金属色的裙子或者是带金银丝线的上衣。
- 你也可以用朴素的基本款来与闪亮的单品相呼应，比如金色粗革皮鞋配烟管裤和西装外套。周末的话，你可以穿牛仔裤和白色T恤，在外面套上一件勒克斯羊毛开衫。
- 也可以用一件乐队T恤搭配一条银色迷你裙，营造出炫酷风格。牛仔裤搭配亮闪闪的条纹上衣，金色衬衫搭配风衣也还不错。

夜晚的闪亮搭配

夜晚星光熠熠，你要么选择低调，要么穿一件闪亮的单品（裙子、外套、上衣都可以）。当然了，我们还需要掌握一些技巧，避免让自己看起来太像是去参加迪斯科舞会。

- 一件闪闪发光的物品就足够了，化妆品或配饰都可以。
- 尽量少戴首饰吧，而且要避免洋娃娃般的妆容和发型。
- 尝试混合几种金属色调，比如铜色和深蓝色，或者银色和粉色。

第2章

印花

Prints

巴黎风格的印花

The Parisian Approach to Prints

我猜很多人一读到这个标题就会想到横条纹。它们的确很有代表性，以至于巴黎的漫画中经常描绘穿着布列塔尼条纹上衣、头戴贝雷帽、手拿法棍的男女。

我得承认，这么想真的不过分。在我参加的各种聚会上，总会有几个人穿着差不多的经典横条纹。

也就是说，想打扮得像个巴黎人，你根本用不着印花。就像我之前说的，一个经典的巴黎衣橱里面，要包括基本款和精心挑选的配饰。

但在这里，线条模糊的印花可能会被视为衣橱里的基本款、配饰或个性单品。比如，经典的海军蓝或黑色条纹是永不过时的印花，它们不会让你显得很俗。在中性色调中，条纹上衣几乎可以搭配一切，它们就像食品中的调味品。

而醒目的印花通常用于配饰或个性单品中，几乎不用搭配任何东西就很突出了。巴黎的女性会把它们与围巾、包、鞋子等小件或基本物品进行搭配，比如，一件衬衫、一条牛仔裤或一件和服上，选择适合你的印花就会显得很出众。不是时尚行业的巴黎女性通常身上只会穿一种印花，但时尚界的女性会把它们混搭在一起。

最后，我想说的是，不论胖瘦，每个人都能找到适合自己的印花。

“印花可能被认为是衣橱的基本款。”

选择适合的印花

选择适合你的印花

就像色彩搭配中的强调色一样，印花也可以使单色套装不再单调。选择印花时，可以有两种选择：

1. 夸张的印花：比如，在面料上大量使用夸张的印花。。

2. 保守的印花：要么使用保守的印花，要么使用夸张的印花，但都要适度。

关于夸张的印花

可以佩戴有夸张印花的配饰，这样能为你的服装增添活力；或者大面积地运用夸张的印花，创造出不同的效果。所谓夸张的印花，我认为具备下面的特征：

- 醒目的颜色
- 大面积的图案
- 对比明显的图案

醒目的颜色搭配对比明显的小图案，在一些小的配饰（比如鞋和包）上会产生奇妙的作用。比如，亮色印花鞋、蛇纹印花包或蜡染印花发带（想要了解更多蜡染印花，请参阅第67页）。颜色对比鲜明的大型印花图案更适合宽松的服装，如衬衫、和服、西装、连衣裙或外套。

还可以试试有大面积不重复图案的围巾，每次戴起来都会感觉不一样。

关于保守的印花

下面，我们再来说说保守的印花，它是与夸张的印花相对的。

两种中性色的印花混合在一起仍然是中性色的，因此它可以与任何醒目的颜色进行搭配。比如黑色配白色的印花，或是海军蓝、奶油色配灰色的印花。它们让宽松的衣服显得更活泼，同时又易于穿搭，特别是搭配毛衣、开衫、外套、衬衫等。

对比度很低的印花看起来更像是有纹理的衣料，而不是真正的印花，比如米色衬衫、海军蓝或黑色格子外套上的金色小点。它们虽然很低调，但却能让你的衣服看起来更好看，最主要的是它们很容易搭配，因为你可以把这种单色系印花（见第35页）当作单一颜色来考虑进行搭配。

调和印花

如果你想用印花搭配单色的衣服，它要么能脱颖而出，要么能与你的单色衣服融为一体。如果你想要后者，你应该在印花和你所穿的其他衣服之间使用另外的颜色进行过渡，比如选用印花中的一种颜色与单色衣服搭配。

大部分印花的特色在于底色和细节色。在某些情况下，挑选细节色做搭配是明智的，而在其他情况下，底色则是更好的选择。

用印花细节色过渡

让我们想象一下，你有一条印花连衣裙，在海军蓝的底色上有大朵亮粉色和红色花朵。因为天气有点冷，所以你想找一件羊毛衫来搭配。聪明人的选择是一件红色或者粉色的开襟羊毛衫，也可以是相邻的花色。你也可以选择一些带有印花细节色的配件，比如皮带、包、鞋子或者指甲油（我认为化妆品也是一种配饰）。

用印花的底色过渡

一件藏青色的开襟羊毛衫与前面提到的海军蓝底色印花连衣裙搭配也会产生意想不到的效果哦，它会显得更加低调。

用引导色过渡

一般来说，引导色多是一些亮丽的颜色，多作为细节色。前面提到的印花连衣裙中的亮粉色和红色就是引导色。

作为细节出现的引导色，如果同时还作为底色出现，会给人一种压迫感。例如，一件印有黑色星星的亮绿色上衣搭配黑色皮裙的视觉效果要远比与绿色裙子搭配出来的效果更好；而一件带有亮绿色星星的黑色上衣与一条亮绿色的皮裙则更适合搭配在一起。

如果两种颜色的优势相同，可以说，你的衣服搭配上就缺少引导色，比如在布列塔尼岛的条纹上衣上，海军蓝和白色都被认为是中性色。不协调的印花有时候就会影响到搭配。

印花底衫的搭配

把印花底衫（在印花下面的那一层衣服）再和印花服装搭配在一起，往往会减弱原本印花的效果。如果不能理解的话，可以选择对比色为白色的底色，这会让你的印花层闪闪发光。当你的印花是混色的，而且你无法真正区分出不同的颜色的时候（比如自由印花或任何其他花哨的印花），教你一个办法，选择一种中性色或对比色来搭配。记住：不要用混色，否则印花会被其他颜色喧宾夺主，从而变得沉闷。想象一下你拥有一件印花衬衫，颜色是鲜艳的珊瑚色、粉色、黄色或绿色，与淡蓝色牛仔裤搭配会增强视觉冲击，但与上面所说的色调搭配，会让你的着装显得没有深度。当然，这条建议并不适用于高级搭配，你可以穿印花衬衫搭配深蓝色牛仔裤和珊瑚色外套。

对比印花

如果印花与其同色进行搭配，可能会减弱或者消除印花带来的视觉效果。为了减少这种情况的出现，可以在你的衣服中加入另一种单色。

中性色印花

如果印花只有中性色，可以与任何其他色系搭配。例如，一件黑白条纹印花衣服搭配红鞋和米色风衣就是不错的选择，又或者米色、奶油色条纹裤子配芥末色衬衫也还不错。

彩色印花

中性色永远是一个不错的选择。可以把中性色作为打底来搭配，让彩色印花看起来更生动。或许把它们穿在外面也是一个不错的选择，以此来减弱印花的强度。

比如，一件白色 T 恤搭配一件印花和服会让它焕发光彩，而一件米色风衣搭配一件花哨的连衣裙会让它看起来有些保守。

当然，你也可以选择搭配对比色或邻近色的印花。也就是说，假设你的印花是单橙色系的，那么蓝色就是它的最佳拍档。

假如你的印花包含两个对比色（如我们在第 48 页引用的那样），比如，在海军蓝色的底色有着粉色和红色花朵形状的印花，这样你就选择与底色形成对比的颜色，像黄色，或者选择与某个细节颜色形成对比的颜色，像绿色。

如果你的衣服中有一种中性色和一种夸张的颜色，那么就用夸张的颜色来做对比，比如，糖果色的红白条纹衬衫搭配深蓝色牛仔裤。

对比鲜明或相邻的色彩搭配在一起，也可以通过配饰来实现。例如，你可以穿蓝白色格子布衣服搭配亮黄色的包或鞋子。

kate spade

印花的混搭

首先，你要记住穿印花衣服最简单的方法就是不要和其他印花混搭在一起。我的意思是，如果你希望有一天能成为杂志时尚版的主角，又或许你只是喜欢冒险想要看起来很帅的话，我建议你可以尝试下面的方法。

注意是否和谐

- 混搭相同颜色的印花。
- 把有共同颜色的印花混在一起。
- 将中性色的印花与夸张的印花混搭。
- 将互补色或相邻色的印花混搭。

考虑图案的大小

- 对比图案大小和紧密程度。

组合图案的形状

- 将图案相似但色调不同的印花混搭。
- 将图案相冲突的印花混搭。

几何形状的条纹和不规则的花朵，以及意想不到的混合图案，这些我将会在本书的后面详述（参见第 56、57 和第 62、63 页）。

小提示：

- 大面积的印花会让身体看起来更宽大。
- 对比色的印花其实比相邻色的印花更难搭配。

采访

阿纳斯·道泰斯·沃梅尔

Anaïs Dautais Warmel

阿纳斯·道泰斯·沃梅尔，Les Récupérables
(一个用旧衣服制作新衣服的品牌)的创始人，今年30岁。

我在阿纳斯（Anaïs）的六层公寓里遇到了她，这座公寓位于迷人的像乡村一样的20区。当我环顾四周时，深色的木地板、用作架子的梯子、钢琴、植物、阳台等都给人家的感觉。哦，对了，它们都是典型的巴黎风格。

你会如何描述你的风格？

我想是复古而又时尚的。它们五彩缤纷，但不过分。巧夺天工的同时又可以展现个性。

你的风格变化过吗？

是的！我以前的风格比较古怪，穿夸张颜色的衣服，还漂过头发。

你的穿衣历史是如何演变的呢？

我从两岁起就开始设计服装了。我妈妈会给我看商店里的东西，我会从里面挑一个。我知道我想要什么，尤其是在颜色和印花的选择上。大学毕业后，我开始在旧货店工作，为客户做商品推销和造型设计。接着我开始改良旧衣服，让它变得焕然一新，同时我创造了自己的品牌。

你能和我分享一些让自己看起来这么时尚的小秘诀吗？

- 不要同时使用3种以上非中性色。
- 不要暴露缺点。
- 当你穿一件看似像配饰的标志性服装时，比如一件印花夹克，你应该围绕它来打造你的形象。

你的衣柜里有标志性衣服吗？

太多了。不过我最爱的是印花涤纶和服。印花决定了我对这件衣服的喜爱程度。

你会跟随潮流吗？

哦，不会。其实我倾向于躲避潮流，但我还是时髦的。更确切地说，我只是不关注潮流，尤其是任何主流的东西。我最看重的是如何能让自己看起来与众不同。

关于化妆，你有什么秘诀呢？

一定要抹点口红，用遮瑕膏来遮掉黑眼圈，用高光笔画出健康的肤色，当然不要忘记睫毛膏。

你怎么形容法式风格？

不俗气。我想我会说这一切都是巴黎女人的时尚。如果你穿得太像中产阶级或者太传统，会让人觉得乏味。我认同这样一个事实：时尚总是能够让穿着者更加美丽，而不是致力于使服装或化妆行业有利可图。对我来说，简·柏金就是巴黎女人的标志，巴黎女人和她一样，在本质上就是时尚的。

条纹

条纹大概是所有印花中看起来最休闲、最容易搭配的了。无论是竖条纹还是横条纹，它们都能为其他衣服增加趣味，而且是百搭款。特别要说的是，法国人更喜欢穿横条纹。

条纹的选择

中等宽度的对比色条纹会在引人注目的同时保持休闲感。想要看起来有质感，可以选择对比度较低的细条纹或者亮条纹。粗条纹是比较大胆的选择，而且它作为一种个性印花，并不那么容易搭配。

最经典的横条纹是蓝白相间的海魂衫条纹。竖着穿经典的蓝白条纹衫会让条纹更加醒目，非常适合在办公室穿着。条纹可以是多种颜色：白色和其他颜色的混合，或者某种颜色和中性色的混合，也可以是多色条纹，没有限制。

条纹的位置

无论从哪个角度来说，条纹上衣都是必备的。一件海军条纹上衣搭配一件鹿皮短夹克，或者一件打底条纹衬衫，把领口、袖口和下摆从灰色羊绒针织衫下露出来。

无论是宽条纹还是窄条纹，竖条纹裤都是个不错的选择。当然，竖条纹裙也是不错的选择。相对来说，下半身选择横条纹的话很难驾驭，要是它们只是作为裙子的一部分就还好。如果你不想让你的屁股看起来很大，那就别穿它了。配饰上的条纹应该明显一点。是的，我的意思是一定要系一条条纹围巾，最好是格兰芬多（或斯莱特林）风格的。

条纹的混搭

印花

作为一种几何形印花，条纹可以存在于不规则的印花当中。这些印花的种类包括：

- 花卉图案
- 豹纹
- 蜡染的印花

圆点

条纹也可以与另一个基本几何印花——圆点相互组合（见第58、59页）。

图案印花

尝试把条纹与乐队印花或旅游印花T恤搭配（见第68、69页）。

格子

格子与条纹的搭配，虽然不是稳妥的选择，但有时会带来意想不到的效果（见第64、65页）。

波点

波点是所有印花中最可爱的图案。提起波点，总会让我联想到一个美丽的女人穿着她最漂亮的波点连衣裙去参加舞会，这是田园诗般的画面，不是吗？无论大小和颜色，波点总是给人一种清新、天真、女性化和假日的感觉。虽然我在这里只提到了女性化，但我完全可以想象出一个优雅的绅士穿着波点衬衫或佩戴波点窄围巾的样子。所以，波点也可以给人花花公子和中性风的感觉。

波点的选择

最经典的波点款式，就是白色波点配上黑色底色。

在裙子上
当然，你也可以把白色波点连衣裙换成红色波点。波点的大小没有限制，可小可大。

在上衣和毛衣上
建议你在穿上衣和毛衣时要选择大波点，色彩也要更加艳丽。还可以试试彩色的波点。也可以选择底色是白色、奶油色或海军蓝的波点。

小提示：和所有大的印花一样，大波点会使你看起来很胖。

波点的位置

除了裙子和上衣，波点也可以装饰在其他地方。不管是短裙还是长裙，宽松还是紧身的款式，都可以点缀波点。

长裤则要讲究一些，但是你也可以用领带上那样的，酒红色底色配奶油色小波点，这样的窄腿烟管裤或高腰阔腿裤也很好看。

在配饰上，装饰波点也是很受欢迎的，比如围巾、发带、手包还有休闲鞋及袜子。

波点的混搭

不规则印花

作为几何图案，波点与不规则的印花，如植物或动物印花搭配起来会很可爱。

条纹

条纹与波点图案可以很好地搭配在一起。

波点袜

冬天的时候，薄款的纯黑波点连裤袜几乎百搭。因为它们只有一种颜色，所以可以进行混搭，搭配的效果也很时髦。还有什么比这更好的呢？如果你觉得自己不适合穿波点连裤袜，可以试试带波点的透明短袜或者是亮闪闪的彩色袜，让它们露在你的七分裤和低帮靴之间。

豹纹

巴黎女人喜欢豹纹的原因，就是因为她们喜欢性感的装扮。然而，她们又害怕不够优雅，所以巴黎女人穿豹纹的时候会努力使它们看起来没那么夸张。

豹纹的选择

那种驼色底色上有黑色和棕色斑点的花纹是一直以来都很流行的豹纹。

站在商店里寻找自己心仪的豹纹时，一定要仔细地查看，它的斑点应该有柔和的边缘，印花不能太大也不能太小。

面料上选择人造革的是最合适的，棉质、亚麻和羊毛等面料也可以。尽可能避免有光泽的合成纤维或太透明的面料。

款式最好是基础款，甚至是极简的，所以不要有褶皱和多余的细节。

豹纹的位置

从选择配饰开始，比如带豹纹的背包、皮带或帆布鞋。当你找到自信的时候，就选择一件标志性的单品。

中性化的服装是最安全的选择，一件永不过时的豹纹衬衫可能会成为你衣柜里的必备单品。窄腿烟管裤也是一个时髦的选择。豹纹西装可能会让你看起来像个明星。

为了营造摇滚明星的氛围，你也可以尝试紧身牛仔裤。但你要避免太女性化的东西。用豹纹搭配裙子或者任何包含荷叶边、紧身元素的服装时都要谨慎。

豹纹的混搭

米色

这种色彩是最保守的选择。把它提取出来，你就可以开始搭配豹纹了。

海军蓝

这是另一种保守的颜色，和米色有异曲同工之处。海军蓝烟管裤搭配豹纹不会出什么差错。

白色

这种清新的颜色与豹纹的野性很搭。白色牛仔裤是我的最爱，但一定要选择高质量的牛仔裤，那样会让你看起来很有品位。

淡彩色

淡彩色与豹纹混搭可以让女孩们看起来像是摇滚明星。艾里珊·钟（Alexa Chung）是伦敦最具巴黎风情的人，曾经有人看到她穿着一件淡黄色针织衫配豹纹迷你裙，脚上穿一双经典的黑色乐福鞋，酷爆了。

深色

深色的组合搭配看起来具有压倒性气势，与深色搭配时，可以把豹纹作为配饰，比如，豹纹手包搭配深绿色裙子。

黑色

豹纹和黑色的搭配可能会营造出摇滚范儿十足的形象，但也可能看起来很俗气。所以，要谨慎地选择你的衣服。

亮丽的颜色

亮丽的颜色搭配豹纹可能看起来有点夸张。相反，你可以试着穿一些中性风格的衣服，比如豹纹衬衫、蓝色牛仔裤、亮红色靴子和风衣。

花朵

每一束花都是不同的，带花朵图案的印花也是如此。穿上带花朵的印花你可以看起来像一束僵硬的快要凋零的花，也可以看起来像一束生长在森林里充满活力的花，你甚至可以看起来像一堆多肉植物。关键是要找到适合你的印花，因为你不会想看起来像是一束假花的，对吧？

“花可以种在任何地方……但是选择花朵印花的诀窍是找到适合自己的。”

印花的选择

不要选择合成纤维的面料。要记住，亮闪闪的聚酯纤维并不适合花朵形状的印花。

小而随意

铺满的花朵之间没有空隙，从而形成了一种几乎无法辨别的色调。任何人穿上这种印花都很适合，因为它给人一种清新、天真的感觉。其实，小而分散的花朵印花给人的感觉会更加天真，有点类似睡衣上的印花，很可爱，也很好搭配。但是要注意选择的颜色。

大而醒目

这种印花并不容易搭配。如果是经典设计，穿上身反而会感觉很老气。尽管如此，它们却仍然有着自己的个性，可以用在和服、连衣裙或及地长裙等上。

颜色

花朵印花通常与柔和的淡彩色或鲜艳的颜色搭配在一起（因为这就是花朵的颜色）。如果这种搭配对你来说太普通了，你也可以试试暗色的碎花风。比如说，黑色的底色配上鲜艳的花朵图案，或者一簇黑玫瑰。这比起天真可爱风，更有摇滚或哥特范儿。

印花的位置

花朵图案可以出现在衣服的任何地方，特别是在夏天的服装上：周末穿宽松的，上班穿修身的。在你缺乏灵感的温暖夏日里，这个搭配会让你省不少心。

不喜欢基本款吗？那就选择其他带有花朵装饰的服装：长裤、短裤、西装、短夹克或和服。当然，裙子和衬衫也可以和这种印花相搭配。

至于配饰，我推荐印有大花图案的围巾。小花图案会有种睡衣的感觉。印花也可以与鞋子和包搭配，但它不是万能的单品，因为它与皮革搭配的效果并不太好。

印花的混搭

素色

简单的搭配方法就是，选择与印花相匹配的颜色，或者选择中性色。

牛仔

其实，无论什么颜色，牛仔布都能给印花加分。对了，牛仔裤越旧越好。

皮革

少女摇滚风通常会选择黑色，而淑女更偏向自然风。

条纹

条纹的规则与花朵的不规则相得益彰，它们可以搭配在一起穿，也可以尝试在一件印花衣服上进行混搭。

其他印花

植物印花与豹纹、斑马纹等动物印花也很配。花朵和花朵之间也可以搭配，但那并不容易，我的建议是不妨尝试相似颜色的不同色度与之搭配。

格纹

对付寒冷天气的办法有很多，格纹呢就是其中之一，它表现出一种介于淑女的优雅和舒适之间的风格。尽管严格来说格纹不是最具代表性的法国印花，但我保证巴黎人喜欢从世界各地获取灵感。

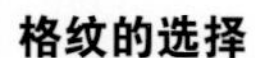

格纹的选择

粗陋的格纹图案看起来很廉价，因此，我建议你不要在印花中使用强烈的颜色对比。当然，布料也很重要。格纹呢不能印在涤纶上。

格纹的位置

裤子

格纹裤配上中性色的上衣会让你看起来很惊艳。你可以选择用黑色和性感的摇滚装束来突显它们的朋克气息，也可以选择用清爽的白衬衫和风衣来凸显风格。紧身裤看起来更具摇滚风或OL风，而阔腿裤则会让你看起来更老练。

衬衫

一件质地柔软的格纹衬衫，稍微解开扣子，卷起袖子，与皮裤或深色牛仔裤搭配在一起显得很随意。如果你更喜欢工装风，那就选择一件厚羊毛或棉质面料的格纹衫，穿在性感的上衣或连衣裙外面，也可以直接作为时尚的休闲装。

西装

一件修身格纹西装会给你的装扮增添几分英式风情。它可以搭配时髦的单品，如烟管裤或牛仔裤；当然，也可以搭配性感的单品，如短裙。你甚至可以穿一身格纹呢的服装。

外套

舒适的外套会让你的日常装扮看起来很时髦。

直筒裙或连衣裙

穿格纹直筒裙或连衣裙显得很成熟；褶皱和短发搭配在一起看起来很像漫画里的女孩子。

围巾

厚羊毛格纹围巾是非常经典的款式，它可以是普通大小或非常大的。

格纹的混搭

格纹本身就很有个性，所以没必要装饰太多。白色、黑色、藏青色和米色都是比较好的选择。如果你的格纹里有主色调条纹，那就选择另一件这种色调的衣服或配饰。基本款牛仔裤或黑色皮革都可以搭配休闲格纹。但是豹纹等花哨的印花与格纹搭配在一起会很难看，所以要在两者之间留点空隙，即使只是一道缝隙。不太显眼的印花，如连裤袜、布列塔尼条纹或淡印花都可以与格纹完美搭配。

不寻常的印花

任何东西都有可能成为印花，所以在很多情况下无法对它进行分类。这是件好事，因为就像不寻常的颜色一样，不寻常的印花本身就能说明这个问题。它可以是经典的风格和颜色，但要拥有不同寻常的主题；当然，也可以是经典的主题，那就要用不寻常的颜色或风格，比如渐变的花朵、彩虹条纹或两者兼有。这些都让我们无法为印花进行分类，但我建议你尝试着穿它们，因为它们能提升你的品位，而且穿起来也没有你想象的那么难。

繁杂的印花

蛇纹印花

蛇纹看起来性感又狂野，蛇纹单品最适合在鞋上或下半身上运用。它不一定要看起来逼真，所以可以选用时髦的颜色。蛇纹与白色或黑色搭配在一起会有惊人的效果，让你看上去很惊艳。不得不说蛇纹是一种非常普遍的动物形印花，可以用于配饰（如包或鞋），也可以与其他印花混合。

质朴的印花

可以是星星形状、嘴唇形、心形、龙虾形、仙人掌形或者你能想象到的其他的微小的、分散的、无处不在的图案。相信我，它们会让你的外表看起来更好，也能让你的生活更有趣。

蜡染印花

蜡染印花是典型的非洲风格印花，在21世纪中期成为经典。它们由大型的几何图案组成，颜色鲜艳。布料应该选择厚重的棉布，适合与裙子、上衣或头巾（非洲风格）搭配。当然，蜡染印花也可以和牛仔布、风衣或印花T恤搭配。

风景印花

指在衣服上印一张照片。它可以是一张打印出来的照片，也可以是一幅画。最重要的是，印花的图案一定要是完整的，而且不能重复。这些单品证明了它们与单色基本款相搭配是不会出错的。

印花T恤

白色条纹T恤是巴黎女人衣橱里的必备单品。但你知道印花T恤也是必备单品吗？比如，那些带有你喜欢的乐队或品牌Logo的印花，也可能是你大学的标志、一句名言、宠物的名字、彩虹或其他你喜欢的东西。它们是多种多样的，而且它还能把我们喜欢的那种时髦古怪的感觉在衣服上体现出来。最重要的是，穿印花T恤没有年龄限制。有一次，在浏览Pinterest的时候，我看到了一位60多岁的时髦老人，他穿着一件T恤，上面印着“古老的就是精华的”字样。

印花T恤的选择

一件合格的印花T恤，应该把印花放在T恤中间（指的是在腹部和胸部之间的某个地方），而不是全身都是。你可以在商店里或者某快时尚品牌里买到。如果你喜欢复古风，也可以在旧货店里买到。一件正版的T恤总是比复制品更好。T恤的底色可以是任何颜色，印花也可以选择任何颜色。事实上，单色底色与单色印花更容易搭配，同样，单色底色与多色印花也很容易搭配。印花T恤很便宜，所以如果喜欢它，就去买吧，你总会找到合适的衣服与它搭配。印花能反映出你的个性。如果你从未听说过一个乐队，那么穿上带有他们乐队印花的T恤就显得有点荒谬了。你的T恤印花最好不是一个比你更性感的女孩。另外，要注意你身上的广告语，“我很漂亮”这句话，不仅不时髦，而且可能让其他人忽略你的美丽。事实上，就像一个品牌的名字里有奢侈这个词，如果它是奢侈的，它就不必这么说了。你选择T恤印花也是一样的道理。一旦你有了基本款，那么你的衣柜里就不需要有其他类型的印花T恤了。

印花 T 恤的混搭

图案T恤给人一种有趣随意的感觉。与类似款式的衣服搭配穿，或者用它来搭配不同款式的衣服。

牛仔布

任何颜色的牛仔布都可以搭配图案T恤，牛仔裤、牛仔迷你裙、牛仔短裤、牛仔夹克……

正装

铅笔裙穿起来太老气了，那就配一件印花T恤和一双运动鞋，立刻充满活力。

性感款

漆皮迷你裙太豪放了？那就搭件印花T恤来补救。

华丽款

闪亮的绸缎迷你百褶裙感觉太过华丽了，同样可以搭件印花T恤来改变。

第3章

形态

Shapes

巴黎风格的造型

The Parisian Approach to Shapes

衣服的形态可能比颜色或印花更能体现巴黎女人的性格。

保守的女性会选择宽度、长度都合理的衣服，她们的衣服永远不会太松或太紧，也不会太短或太长。而相对开放的女性会选择长裙。当然，迷你裙、超大号毛衣、拖地长裙或荷叶边是她们的最爱。

无论风格如何变化，巴黎女人有一条关于造型的黄金法则，那就是平衡。开放的女性可能会选择短裙，但她会搭配一件宽松的上衣、平底鞋或一件男友风运动外套来平衡风格。

“巴黎女人有一个关于形状的黄金法则，那就是平衡。”

结构

我所谓的有型的衣服，是指那些用足够挺括而且能体现身材的布料做成的衣服。你很快就能在你的衣柜里找出这类服装，它们需要挂起来，才能保持有型。比如，剪裁考究的烟管裤，西装上衣，腰部有褶边的上衣等。

与挺括服装相对的是柔软的衣服。它们通常是繁复的、宽大的服装。当我想到宽大这个词的时候，首先会想到两种人：一种是试图隐藏自己身材的青少年；另一种是在*Vogue*杂志中身材完美却穿着超大码衣服的模特，她们穿这种衣服看起来很惊艳，而我们自己穿上却很像套了个袋子。

要相信，时尚拥有所有的可能。当你的宽松单品与一些挺括型服装搭配在一起，会有意想不到的效果。

挺括型衣服的搭配

• 搭配其他挺括有型的衣服，很有诱惑力
比如，用剪裁考究的烟管裤来搭配西装。

• 搭配半休闲风格的宽松衣服
比如，烟管裤搭配宽松的小背心，或西装搭配飘逸的及地长裙。

• 搭配紧身衣服会很性感
比如，把紧身针织衫塞进吊带裙里（关于紧身衣的更多内容，请见第77页）。

超大码（oversize）衣服的搭配

• 与紧身的衣服搭配
比如，宽松的、超大码针织衫搭配紧身裙。

• 露出一些部位
比如，可以分别露出手腕、脚踝或腿，也可以一起露出来。

• 穿高跟鞋
当穿超大码的衣服时，一定要穿上高跟鞋。

• 加上腰带
加上腰带能把隐藏在大码衣服下的真实身材显露出来。

• 穿出造型感
如果想要更有型一些，可以把上衣塞到里面，或者在上衣外面再叠穿一件紧身的衣服。

修身

弹力棉布虽然会突出你的身材，但糟糕的是，它们会显得很廉价，即使是最完美的身材也要避开这种面料。

较厚的面料，不管有没有弹性，都适合做紧身裤或裙子。我喜欢厚棉布的紧身连衣裙，或者皮革的侧开衩紧身铅笔裙。也有其他一些带弹力的面料，这些面料很别致，能突出你的曲线。弹力牛仔裤应该选择厚实的布料，这样才不会看起来像是打底裤（因为打底裤根本就不是裤子），事实上，它们更适合腿形好的女性。

如何搭配紧身服装

- **搭配大码的衣服**
我们都知道，时尚就是找到平衡点。当你穿上像摇滚明星那样的紧身皮裤时，最好在上面搭配一件超大号的针织衫，这会让你显得不那么性感。同样的道理，如果你选择了紧身上衣，可以选择一条A字裙、拖地长裙或者高腰阔腿裤，形成宽松的对比。

- **搭配宽松或飘逸的衣服**
对于本身就宽松的或者飘逸的服装，没必要穿超大码的。可以选择一件稍微宽松的T恤或衬衫，把它塞进紧身皮裤里。

- **搭配厚一点的衣服**
可以穿高腰紧身牛仔裤搭配紧身衣。

- **搭配外套**
穿着紧身的裙子或上衣觉得不太舒服，或许只是因为太冷了，又或者你只是想打扮一下，这种情况下，你应该搭配一件长款开衫或风衣，也可以搭配一件西装或蓬松的开衫。

- **选择合适的内衣**
穿紧身衣服一定要选择无痕内衣才对。

流畅性和柔软性

线条优美流畅的衣服会随着身体和动作的变化而变化。随着身体晃动，衣服也飘逸起来。这种面料都不应该太重，更不应该贴在身上。

丝滑的上衣

线条流畅的上衣会使呆板的衣服看起来更有女人味。无论你是穿在里面还是穿在外面，都可以很时髦，它可以遮盖你的胸部和腹部。

丝滑的下装

如果下装搭配柔软的面料，效果会更好，比如飘逸的波希米亚长裙。对于较厚的面料，你应该放宽一些要求，这样就可以更好地显示你的身材。例如厚重的缎子，不仅不会起皱，还很丝滑。

线条流畅的裙装或连体衣

要么选择短一点的，要么选择长一点的，再加一条腰带，就能突出曲线。

运动衫和针织衫

紧身运动衫和针织衫是不会有飘逸的感觉的。这种柔软的衣服在你穿之前并不硬挺，穿起来很贴身。通常情况下，针织衫织得越松就越柔软。

有哪些柔软或丝滑的面料

- 大多数丝绸
- 细薄的非针织棉
- 大多数涤纶
- 轻薄得像丝绸的人造丝
- 轻薄的莱赛尔纤维

柔软面料的必备款

- 纽扣式衬衫
- 无袖上衣
- 大半袖上衣
- T恤
- 毛衣外套

如何穿柔软面料的衣服

• 上装

柔软的面料会给衣服带来休闲感和女性气质。但宽松的T恤在遮盖有肉的上半身方面就不如有流畅线条的丝滑面料上衣好。

• 连衣裙

选择柔软面料的连衣裙的时候，不要选择那种没有什么型的衬衫裙或薄的针织裙。相反，要穿那些看起来宽松、肥大的毛衣连衣裙。

• 裤子

如果你的臀部和腿部线条不好看，就不要选择柔软面料的紧身裤了。

长短

长款还是短款?

无论是长款裙子还是短款裙子，听起来都让人望而生畏。但我这里有几个简单的方法，你很快就能掌握搭配裙子的秘诀。

短裙

很显然，超短迷你裙给人感觉很性感，也太幼稚了。但其实迷你裙完全可以穿得优雅，或有男孩子气，有情调。如果你不想露出自己的双腿，那可以等到冬天来穿，用连裤袜来遮盖双腿。

没有规定说不可以穿得性感，迷你裙、低领口的上衣、紧身裙和高跟鞋，它们都是性感服饰的一部分。当然，在日常生活中，你可能想要低调一点，那就穿一条长款的裙子。

长裙

一说到长裙，我们就会想到公主裙。除了马克西裙，长裙有很多种，你不妨尝试一下超长的裙子或长紧身裙，只要它包含莱卡材质或有开衩，就不会影响走路。

短裙的搭配

- **选择较宽的款式**
  比如，娃娃裙、A字裙和超大号的毛衣裙。
- **遮住上半身**
  可以用圆领T恤、高领毛衣或宽松毛衣来遮住上半身。
- **搭配稍长点的上装外套**
  比如，较长的风衣、宽松的开衫、定制的外套等。
- **穿平底鞋**
  因为短裙可以露出更多的腿部，所以，即使穿平底鞋也不会显得腿短。
- **做真实的自己**
  不管是摇滚风、中性风、运动风、波希米亚风，还是其他风格，大多数风格的服饰都能与短裙搭配且不那么张扬。

长裙的搭配

其实，与公主裙相比，长裙更具巴黎风味。

- **穿粗跟鞋**
  比如，厚底鞋或帆布鞋。当你的裙子风格偏向夏日风情时，更适合搭配这种鞋。或者可以尝试搭配高跟靴，正好可以从长裙下面露出来。
- **上身叠穿外套**
  长裙外面搭一件外套会让你更加显眼，机车夹克、宽松的毛衣、带腰带的开衫都可以。
- **戴上珠宝配饰**
  比如，超大的耳环和多串手镯，都可以成为很好的点缀。

费拉本卜拉欣

Farrah Ben Brahim

费拉本卜拉欣，今年26岁，职业是销售兼视觉营销。

费拉对于我来到她位于蒙马特山下的小工作室表示非常欢迎。年轻的巴黎人常常要面对狭小的空间，而费拉却充分利用了她所拥有的空间。漂亮书架上摆放着多肉植物。我还看到了雅致的咖啡书桌，当然还有一只叫作辛巴的可爱的小猫。

你如何描述你的风格？

我的风格很复杂，有点极简主义，又有点孩子气。我得承认，我的风格确实很中性。

你的风格有过变化吗？

你的这个问题很有趣。我在零售和销售行业工作多年，现在也想要尝试突破自我。虽然我会保持自己的风格，但我也想尝试一些更古怪的衣服。我的风格严格来说就是保持极简主义。

你能给我们一些建议吗？

当你在购物的时候，不要去想，哦，这条裙子真漂亮，我必须买它。你要找到适合你自己的衣服。知道自己风格的人才是了解自己的人。此外，你应该试着去了解一件衣服背后所代表的意义。比如，你可以穿一条印花背带裙，搭配运动鞋和 T 恤，这会让你看起来像个假小子；或者你也可以装扮得更精致，显得更苗条，那就试试配上露肩上衣和系带凉鞋。

你跟随潮流吗？

我认为潮流会让你变得更加大胆。如果你不确定要不要穿某件衣服，那么即将到来的潮流会给你勇气。所谓潮流就是由那些有胆量的人创造，并且让其他人紧紧追随的。

你会分场合选择不同的着装吗？

其实我不怎么变换风格。晚上外出时，我会选择一些配饰或修饰一下，比如鞋子、醒目的耳环和漂亮的发型。

你怎么看待化妆这件事？

说实话，我觉得它有点显呆板，无聊又烦人。我不明白为什么那么多女孩子喜欢化妆，而男人却不。如果我在必须选择化妆的情况下，我会选择睫毛膏、红色唇膏和腮红。哦，差点忘了，还有我的眉笔。甚至有时候，我只会使用眉笔。但是，我不怎么使用粉底，因为我不喜欢粉底的感觉。

你眼里的巴黎范儿是什么样的呢？

我想是简洁而又精致吧。一个月前，我刚从美国回来，那里的女孩对自己的要求太高了。紧身裙，长长的指甲，漂亮的头发，她们从头到脚都要仔细包装修饰。我还是觉得法国女孩比较低调。可能我有点以偏概全了。

平底鞋

法国的时髦女郎是如何保持苗条身材的呢?我想秘诀在于我们需要整天在城市里行走，不仅要穿梭于地铁站，还要爬楼梯，这应该是我们喜欢穿平底鞋的原因吧。但老实说，好看的套装怎么能够少得了一双好看的高跟鞋呢? 可不得不穿平底鞋时，问题来了，如何能把平底鞋穿得有品位呢?那就让平底鞋的款式来决定你穿什么衣服吧。

平底靴

比如及膝平底靴。我们如此喜爱它的原因是它们穿着很暖和。我最喜欢将平底靴与及膝裙或连衣裙搭配，这样就不会露出腿来。当然，对于腿长的人来说，及膝平底靴也可以搭配短裙或短裤，可以露出美腿。

低帮平底鞋

比如乐福鞋、运动鞋和德比鞋等，是我们最喜欢的类型。
这种鞋因为可以露出脚踝而不会显得腿短，反而会让双腿看起来很长，它们有点中性风格。低帮平底鞋可以与七分裤或裙子搭配。袜子也很有讲究，夏天穿船袜，春秋穿萌萌的袜子，冬天穿长筒袜(连裤袜)。

“我们整天在城市里行走，不仅要穿梭于地铁站，还要爬楼梯，这应该是我们喜欢穿平底鞋的原因吧。”

高帮平底鞋

比如低筒靴、马丁靴、匡威高帮帆布鞋。

我们为什么喜欢它们？因为它们与甜美气息相反，似乎体现一种叛逆风格的气质。

穿这种鞋最好搭配七分裤，这样可以露出鞋子的一部分。也可以搭配短裙、连衣裙或短裤，这样就能露出完整的鞋子。虽然这种鞋会凸显小腿曲线，但却会显得腿短，所以它们更适合小腿修长的女生。为了避免它们显得腿短，还是建议搭配短裙更好。

低帮平底鞋

如芭蕾鞋、尖头平底鞋、某些凉鞋等。

低帮鞋其实比高帮鞋更显腿长，但它们不适合脚大的女孩。

穿低帮平底鞋可以搭配七分裤，这特别符合清新的巴黎风。

低帮平底鞋配多长的裙子都可以，但是相对来说搭配中长裙可能会显老。

有一点需要注意，就是千万不要将低帮平底鞋与太长的裤子搭配，那样看起来就好像是忘了穿鞋一样。

高跟鞋

每个女人都喜欢高跟鞋。但是对法国女人来说，她们并不认为鞋跟越高越好。

购买高跟鞋一定要记住两点：

- 穿上它你依然可以优雅地走路。
- 不能让你的脚从前面看起来像个蹄子。

如果你既想穿高跟鞋又想穿得舒服，那就试试下面几种鞋：

- 厚跟鞋，它穿起来会更稳。
- 带气垫的鞋，走起路来会有一些缓冲。
- 带高防水台的鞋。

选高跟鞋的一些小提示：

- 坡度越大，脚看起来就越小。
- 鞋跟越粗，小腿看上去就越瘦。

下面是一些法国女性最爱的高跟鞋类型和她们的一些小建议。

中跟鞋

中跟鞋的鞋跟相对高跟鞋来说要低一些，且没有防水台。

该挑选什么样的中跟鞋呢？

- 要确保鞋子看起来不太笨重（如果你想让你的脚前面看起来窄一些，那就选择有点尖头的）。
- 鞋跟的位置恰到好处，既不会太靠近鞋底中心，也不会在鞋跟后面突出。

至于要如何搭配中跟鞋，建议选择七分裤。另外，一定不要搭配阔腿裤、长裤或者过膝裙，因为这样搭起来可能会让你看起来像木乃伊一样。

短靴

短靴的鞋跟一般比较宽且不那么高，这会让你显得又瘦又高。

无论你的身材如何，短靴都与短裙或紧身牛仔裤绝配。但是记住不要搭配过膝裙，因为低跟短靴配上过膝裙会显得腿很短。

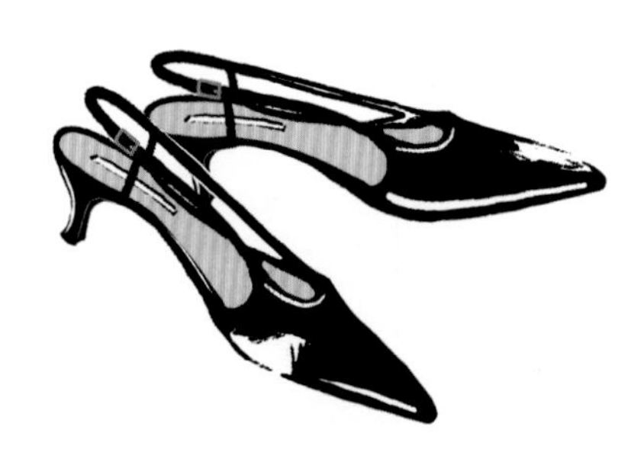

粗跟高跟鞋

粗跟高跟鞋会显腿长，也特别适合日常穿搭。齐膝长筒靴就可以划入这一类别。

怎么搭配更好呢?

七分裤、喇叭裤、中长裙、长裙都是不错的选择。

但不要搭太短的紧身连衣裙，或者其他的性感衣服。

坡跟鞋

坡跟鞋的鞋前面有一个厚实的台子，所以说，只要防水台不太高，还是便于行走的。如果作为靴子，坡跟鞋会显得十分笨重，所以大多数坡跟鞋都是凉鞋。

事实上，现在有一种迷你坡跟鞋问世了，这也许是有史以来最舒适的鞋子。

如果鞋子的面料不是很薄的话，坡跟鞋可以和任何服装进行搭配，比如七分裤、过膝裙、超短裙、喇叭裤、连裤袜等。

细跟高跟鞋

细跟高跟鞋是指鞋跟很细的鞋子，在法语中，我们也称它为“talons aiguilles”，字面意思是“像针一样细的鞋子”。穿上它们会显得十分性感，而且它们的出现让克里斯提·鲁布托和莫罗·伯拉尼克等鞋类设计师家喻户晓。

细跟高跟鞋的鞋跟一般在7.5~15.5厘米（3~6英寸)之间。但我认为最合适的高度是10或13厘米(即4或5英寸)，因为这样可以不需要防水台。大多数巴黎女人所穿的细高跟鞋的并没有很厚的防水台。靴子或者宫廷鞋都可以选这种细高跟。

穿细跟高跟鞋可以选择搭配七分裤、中长裙等。

视线焦点

在法国女性身上往往会看到这样的现象：原本她们并没有刻意穿上性感的服装，但为什么看起来还是很性感呢？

例如，一个化着淡妆穿着大号毛衣和牛仔裤的女人，头发也没有特意做造型，这种打扮实际上十分普通，不是吗？但当她把牛仔裤剪短，把毛衣的袖子卷起来，再换上一双高跟鞋，形象在瞬间得到改变，法国的浪漫风情即现。

一身普通的衣服穿起来比想象的要性感得多，这是为什么？因为在细节上它们改变了视线的焦点，它们让身体的某些关节部分显露出来，这些露出来的部分和身体其他部位一样是性感的。

如何引导视线焦点

- 卷起袖子和裤腿，露出手腕和脚踝。
- 胳膊和腿露出3/4左右的长度。
- 自己动手DIY，把长裤裁剪成不规则的短款。
- 佩戴首饰。无论是手链还是手镯都可以作为点睛之笔，所以一定要佩戴首饰。
- 在天气太冷的时候，可穿紧身裤(连裤袜)、袜子或者其他能将视线引导到你脚踝的衣物。

腰带

因为大多数裤子和裙子都很合适，所以系腰带只是一种点缀，而不是必需品。最简单、最常见的系腰带的方法，就是系在裤子或裙子上，但其实它也可以作为真正意义上的腰带。

“因为你对腰带的选择将决定你身体呈现出来的形态，所以，一定要根据自身特点来选择。”

腰带系在哪儿?

系腰带除了是一种搭配衣服的好办法外，它还能让衣服看起来更有型。事实上你选择的腰带会影响你的体型，那不如反过来就根据你的体型选适合你的腰带吧。

高腰带

如果你的腰部线条很好，那就可以通过加一条腰带或者选择一件内置腰带的衣服来突出这个优点（我个人认为紧身裙是最好的选择）。

但是如果你的腰很粗，那我建议你不要这样做，更不要试图用腰带制造出腰部轮廓分明的错觉，那只会让人注意到你的腰很粗。

一定要把腰带系在腰部最细的地方。如果你把腰带系在腰部以下或略高于腰部的地方，会让你的腰看起来比实际粗得多。

我经常会听到我的客户担心系腰带会格外凸显出圆圆的肚子，也许真的是这样，但也只有你才会担心这个问题，因为别人的关注点都在你那沙漏形的身材上。事实上，系高腰带也是显腿长的一个办法。

当你的肚子很圆，但你又想让自己看起来匀称一些，那么我有一个小技巧，就是将腰带系在胸部下面的胸廓上（但你一定要确保腰带没有被遮住）。

如果你的腰身没有轮廓，那么低腰带是一个很好的选择，因为它可以让你的身材看起来更顺溜。腰部有线条的女性可以尝试一下，但屁股大的女孩就算了。当然，如果你的腰身比较短，那么就把腰带系低点。

女人味和中性风

无论你穿什么，你看起来都会很有女人味。女性服装的基本造型都是围绕女性特征设计的。那些传统男性工装或运动装被认为太阳刚或太中性化。你可以选择穿完全女性化或完全中性化的服装，也可以混合不同的风格来突出个性，让你的造型上升到新的维度。例如，当你穿着一身高腰荷叶边的红色迷你裙时，我建议你尝试一下下面的穿搭：

- 线条优美流畅的勃艮第背心和帆布鞋(打造超女性化造型)。
- 黑白条纹马球衬衫和黑色滑冰选手运动鞋。
- 宽松、褪色的带尖的黑色 AC/DC T 恤和高跟鞋或黑色裸靴。
- 粉色短袖针织衫和黑色懒汉鞋。
- 白衬衫、黑色西装或黑色切尔西靴搭配。

如果剪裁完美的话，深灰色西装搭配有纽扣的白衬衫，戴经典的黑色德比帽是一个不错的选择。你甚至可以用一些色彩鲜艳或闪闪发光的袜子来增添感觉，漆皮或金色的德比鞋，在衬衫上印上不寻常的印花，这样的搭配让你看起来像个花花公子。

经典的女性风

经典的女性风会凸显出你的腰线，穿上高跟鞋、露出你的背部，同时选择飘逸的面料，穿荷叶边或褶边上衣，露出你的肩膀和乳沟。

经典的中性风

如果想尝试中性风的服装，就选择挺括的纯棉系扣衬衫，或者牛津或德比斯平底鞋、领带和领结、斜纹裤、萝卜裤、长卷发，涂上醒目的红唇、眼线、红色指甲，穿上细跟高跟鞋或粉色套装。

第4章

衣橱必备品

Wardrobe Essentials

巴黎女人如何处理
衣橱里的必备单品

The Parisian Approach to Wardrobe Essentials

巴黎女人衣柜中的必备单品可能不同，但它们有一个共同点，那就是超级百搭并且永远不会过时。可以有很多的选择，你可以将任何单品组合。而且一件经典款单品永远不会过时，至少不会很快过时。

拥有一系列的基本款可以很好地把亮色服装和配饰组合在一起。不懂基本的搭配常识 = 早上挑衣服的时候很纠结 = 很匆忙 = 暴躁的情绪。所以从某种角度来说，基本款单品可以缓解你的情绪，所以还是有必要投入时间（和金钱）来寻找你喜欢的单品的。毕竟，它们将会陪伴你一段时间。

“本质是你自己定义的……只要选择适合你个性的东西。”

基本款是必备的，这是基本原则，当然，牛仔裤上尽量不要有红色针脚，灰色羊绒衫上不要有闪闪发光的装饰。你自己来选择自己喜欢的必备单品，它们的组合是个性化的。

但你不需要有所有的基本款，你可以在每一个大的服装类型中选择一件经典款。比如，一件永不过时的外套，一件永不过时的上衣，一双永不过时的高跟鞋和平底鞋。不喜欢风衣？那选择定制一件黑色外套或牛仔夹克，而不要挑选一件看似适合你的衣服。

在这一章中，我会介绍一下法国最常见的衣橱必备品，并给出一些搭配建议。你只需要选择最适合你的就行了。

风衣

我喜欢风衣，经典而且永远不过时。它还有另一种魔力，那就是让一些大胆的造型变得更加柔和，像是一种典型的法国保守主义的淡然感。无论你的风格是什么，都适合穿风衣。

如何选择风衣?

经典款的风衣通常由相当挺括的面料制成，肩膀和前面都有纽扣，后面还有一个开口。但是，有些流行款的面料会更加柔软，还有一些则没有纽扣。你要选择适合个人风格的风衣，经典款或极简款，这和你的身材有关。

• 如果你身材娇小，就选择短款风衣（到大腿中部的长度）。

• 如果你是个高个子，那就选一件线条优美流畅的风衣。

• 如果你有一个圆鼓鼓的肚子，而且腰也比较粗，那就选择一个不束腰带或者不凸显腰部线条的风衣（相信我，束腰带的风衣肯定不适合你）。

颜色的话，我建议你优先选择米色，然后再考虑其他颜色。不要选择黑色和海军蓝，他们显得太过严厉。而太亮丽的颜色也会让人感觉不舒服（视觉上带来压倒性）。当然，你也可以拥有各种风格的米色风衣，比如短硬型风衣和长流线型风衣。

如何搭配高跟鞋和风衣?

高跟鞋是与风衣搭配的必备品，能突出女人味。如果你的身高低于1.7米，那么它们的搭配会显得你很高。

如果你身材娇小，又不想穿高跟鞋，那就穿短款风衣，配平底鞋，或者干脆穿风衣时不系扣子。

事实上，我们在穿着风衣时最好不要系扣子，当然下雨天除外。腰带随意地在背后打结，如果你想系上的话，那就在一边打结（不要使用内置的扣）。

也不需要在风衣里面穿什么。法国版*Vogue*的前主编卡琳·洛菲德曾说，“巴黎的时尚就是单穿风衣。”

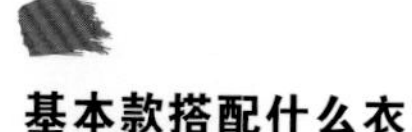

基本款搭配什么衣服比较合适？

• 基本款

基本款+基本款的搭配听起来超级无趣，但如果这些基本款裁剪得很完美，再搭配上有品位的饰品会怎么样呢？你完全可以用一件基本款风衣搭配老妈风格牛仔裤，白色T恤和一双粗跟高跟鞋。

• 女孩风

你知道那种荷叶边的夏日小连衣裙吗？对，就是那种让你看起来像5岁小孩的裙子。可以在外面披一件基本款风衣，立刻成熟很多。

• 性感款

约会的时候非常适合穿上黑色迷你裙配上细高跟鞋，可是坐地铁很不方便，只要在外面穿件基本款风衣就可以了。

• 休闲风

想让你的破旧牛仔裤与运动鞋看起来时髦又休闲，在外面套件风衣吧！

夹克

夹克总是能让我的风格也变得很酷，薄款的话就更好了。我个人特别喜欢时髦的夹克，当然，你可以把它当外套穿，也可以作为内搭。它们既可以作为遮阳服穿，也能在冬天的时候御寒。当然，在去俱乐部的时候穿上它，会让你看起来很酷。

前三名

1. 机车夹克

机车夹克让我看起来像个摇滚明星。短款的（腰部长度）或长款的（臀部长度）都可以。但是相比之下短款的会更加精致。穿一件短款机车夹克，里面穿较长的T恤、宽松的毛衣、优雅的上衣或连衣裙，会有叠穿效果。在宽大的机车夹克里面穿紧身或短款的衣服，就不会显得臃肿了。

2. 牛仔夹克

如果你想看起来很酷，那么应该选择穿一件显旧的牛仔夹克。你可以在旧货店淘一件旧的，也可以买一件看起来像旧的新衣服。

穿牛仔夹克应注意：里面不能穿那种弹力面料的衣服或紧身衣，夹克上最好也别有明显的做旧痕迹。

它可以是短款（到腰部）或长款（到臀部）。短款应该选择修身款，长款则要足够宽松。

你可以尽情享受用染料、刺绣、绘图笔DIY夹克上的图案，不仅如此，你还可以与其他服装进行搭配。比如T恤、漂亮的上衣、毛衣、任何你喜欢的衣服。

3. 飞行员夹克

飞行员夹克应该是你衣柜里最有趣的服装了，但它并不百搭，因为有各种颜色、面料和形状（当然，也有一些中性色的经典款飞行夹克可以像牛仔夹克一样搭配）。飞行员夹克可以与基本款搭配，比如牛仔裤、朴素的T恤、直筒裙等。它也有长款和短款两种。

外套

冬天实在是太长了。有时你不得不总是穿同一件外套，因为外套太贵了，你衣柜的空间也有限。另外，想找到合适的外套也不是件容易的事，所以，你可能并没有太多件，甚至只有一件。既然你想要连续几年或更久只穿一件外套，那么你最好量身定做一件。量身定做的另一个好处就是它会非常合身，恰到好处地展现你的优雅。

最重要的是你的外套要有范儿。如果这样的话，形状就不重要了。它可以有笔挺的线条，有束腰，可以是长款也可以是短款。穿上这件外套，会让你每天看起来都很别致和时尚。如果你找到了一件外套并且非常喜爱它，就可以一直穿着它，直到它寿终正寝（根据它的平均寿命，应该是3～5年）。

小提示

如果你只想买一件外套的话，那就选择中性色，这种颜色是百搭款，而且永远不会过时。你可以选取不同的服装与之搭配。

连衣裙

穿连衣裙的好处是你不需要费尽心思地去搭配。你只需要穿上合适的鞋子，或者戴上一些可爱的配饰，就可以去参加宴会了。

当你懒得浪费时间去想该穿什么的时候，你可以为自己准备一些连衣裙和连衣裤。天气热的时候它们是最好的选择，如果天气变冷，随便在外面搭上一件都可以，宽松开衫、风衣、西装、机车夹克、牛仔外套等。拥有一堆漂亮的连衣裙（或连衣裤）会非常方便，即使有意外的场合也方便穿搭。

顶级连衣裙

1. 小黑裙
小黑裙完美而又简洁，也没有太多细节，你可以一天都穿着它。有这样一件百搭的衣服，可以搭配任何醒目的配饰。

2. 色彩鲜艳的礼服
因为总有婚礼或重要场合要参加，颜色鲜艳的礼服可以衬托你的肤色，也能衬托你的身材。相信我，你肯定会不止一次穿它，所以要选择一件你真的很喜欢的礼服。当然，你也可以选择租用礼服。

3. 晚礼服
当你需要比小黑裙更高级的衣服时，可以选择高定时装，也许是连体衣，也许是带一些亮片或透明装饰，又或是一些带破洞的设计（租衣服是一个很聪明的办法）。

4. 别致而又暖和的连衣裙
层层叠叠的连衣裙会很烦人，所以你要拥有一件漂亮的冬季连衣裙，在每年的冬季穿去参加各种活动。

夏装 TOP 款

1. 职业款

职业款连衣裙是一种既聪明又不失时尚的选择。穿着它可以搭配优雅的凉鞋、高跟鞋或者平底鞋。

2. 都市款

找一件适合你风格的并足够时髦的款式，然后再搭配平底鞋或平底凉鞋。

3. 沙滩裙

可以选择飘逸的或迷你的款式。度假时，一定要随身携带一两件便于穿着的连衣裙、平底鞋或厚底凉鞋，以及一些不太贵重的珠宝。

牛仔裤

我曾听有人说法国的女人不穿牛仔裤。事实上，你只需要在巴黎街道上走 5 分钟，就会意识到这话不是真的。我敢保证巴黎女人比世界上任何其他地方的女人都更喜欢穿牛仔裤。事实上，她们还喜欢追逐牛仔潮流，所以不仅经常买新的，还把自己的旧牛仔裤留下来。

经典牛仔裤的 4 种颜色

1. 深蓝色
   也叫生牛仔裤。
2. 浅蓝色
   从中度蓝到白色。
3. 白色
4. 灰色

但我并不建议你购买灰色牛仔裤，因为灰色会显得衣服很沉闷。既然没有必要拥有16条牛仔裤（即使它们都不一样），那么我建议你每种款式牛仔裤不同颜色的都拥有一条（见108、109页）。

不要穿人为做旧的牛仔裤，去买一条不会变形的牛仔裤吧，让它随着岁月的流逝自然褪色。

“巴黎女人穿牛仔裤的次数，可能比世界上任何其他地方的女人都多。”

廓形

紧身牛仔裤

紧身牛仔裤含有弹性纤维，可以凸显曲线。事实上，牛仔裤不应该有太多弹力，否则看起来会像牛仔打底裤，而不是真正的牛仔裤。紧身牛仔裤有高腰和低腰的，有全长和九分长的，甚至七分长的。

怎么才能让它们看起来更有型呢？

紧身牛仔裤可以完美地平衡上身过大的衣服。你可以与长筒靴和低筒靴搭配，七分长的牛仔裤可以搭配高跟鞋、凉鞋或平底鞋。不过，我不建议穿紧身长裤搭配芭蕾平底鞋，因为会显得你的脚很长。

会适合我吗？

和你乍一眼看到的可能不一样，无论是苗条的还是性感的女性，穿上紧身牛仔裤都会凸显出曲线美。它们很适合肌肉发达、腿形好的女性，事实上，不会显得屁股很大，反而显得更小。不过，如果你的腿形不那么漂亮，那么就选择其他款式的牛仔裤吧。

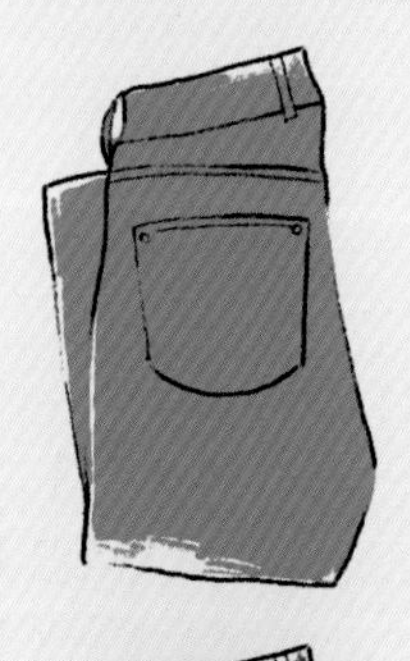

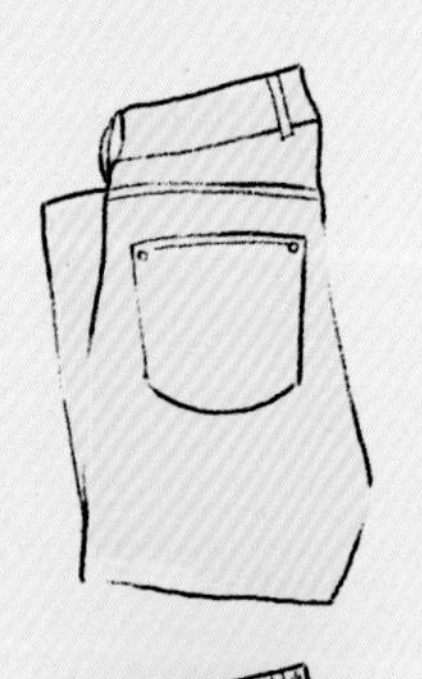

修身牛仔裤

修身牛仔裤会凸显曲线，但不会凸显好身材。

怎么才能让它们像真正的紧身牛仔裤那样看起来更有型？（见下图）。

会适合我吗？

如果你害怕暴露腿粗的弊端，那就选择修身牛仔裤而不是紧身牛仔裤。

喇叭裤

喇叭裤在臀部是紧绷的，而臀部以下开始展开（经典的喇叭裤）或膝盖以下开始展开。经典喇叭裤高腰的更好看，而喇叭裤可以是低腰或高腰的。

怎么穿更有型?

和厚底鞋一起穿，让你的喇叭裤垂在上面，会显得腿很长。如果你是中等身材的话，这种搭配穿起来很好看，也可搭配中高靴、短靴或高跟鞋。

会适合我吗？

但对于那些屁股大、腿粗的人来说，喇叭裤非常适合。当然，身材好的人也可以这么搭配。

细节

男友风牛仔裤

男友风牛仔裤是一种宽松的低腰牛仔裤。它们应该穿在臀部较低的位置，口袋也在臀部较低位置。男友风牛仔裤是低腰的；如果是高腰的，那就是你穿错了！

如何营造下垂感？
这种下垂感确实很时尚也很酷，但是，我们还是应该面对现实，这样的装扮并不讨喜。如果卷起裤腿，露出性感的脚踝，那就与低帮平底鞋、中跟鞋或高跟鞋搭配。

会适合我吗？
这种中性风格，适合高而瘦的女性，或者是拥有圆臀和腿部曲线优美的女性。但是如果你已经有一段时间没去健身房，而且臀部像果冻一样的话，就不要穿这款牛仔裤了。

老妈牛仔裤

经典的老妈牛仔裤就是指501李维斯（Levi）牛仔裤，适合腰细腿直的女性。其实，你可以把它们剪短或卷起来穿。如果裤腿太宽，就进行适当的裁剪。这款牛仔裤会展现你的腰围，所以你可以把上衣塞进去，或者选择短上衣。如果是腿粗的女生，我建议你把脚踝露出来。它可以和低跟鞋、高跟鞋或短靴搭配。

我能穿吗？
如果你的腰很细，那么答案就是：可以穿。

口袋

口袋越小，臀部就会显得越圆润、丰满。位置高的口袋给人一种屁股下坠的感觉，显得扁平。

裤脚
我的经验是：长款牛仔裤，购买后一定要立即进行剪裁，除非你腿足够长。即使你想把裤腿卷起来，让它看起来更有型，但我还是建议你把它裁短，否则你的裤腿下摆就会变得超厚，而且很不优雅。

如果你不知道适合穿多长的牛仔裤，那就把牛仔裤裁剪到脚踝位置。如果你愿意的话，还可以把它们卷起来。至于喇叭裤，一定要搭配高跟鞋穿（除非你的腿超长，不然别穿平底鞋）。一定要让裁缝把缝线重新缝在下摆上，一定用同样颜色的线。

款式
你先确定了你想要的款式，接着可以尝试一些古怪的颜色、时髦的拼接或刺绣款。

衬衫

还有什么能比衬衫更是经久不衰的基础款呢？衬衫的款式可以是经典的，也可以是休闲的，还可以两种风格兼而有之。因为衬衫上面带有纽扣和其他细节设计，所以，并不需要再加其他的装饰，只需要打开几粒纽扣或卷起袖子，就会显得很时髦。当然，衬衫一定要熨烫好了再穿哦。

如何挑选？

- 好质量的纽扣。纽扣要么很漂亮（比如珍珠的或骨质的），要么很低调。
- 看不见的针脚。针脚不应该露出来，特别是扣眼周围的针脚。
- 面料品质。应该选择质量好一点的面料，不应该是亮闪闪的那种（除非刻意要这种感觉)。
- 大小合体。衬衫穿在身上不应该出现水平的褶皱，否则证明衬衫太紧了。
- 完美的衣领。无论是系着扣子还是打开扣子，衣领都应该看起来很精致。其实，有些精致的衣领，如彼得潘或维多利亚时代的衣领，必须系上扣子。
- 衬衫的面料方面，可以选择松软的，也可以选择硬挺的，但绝对不能是紧身的。衬衫不应该是有弹力的，但是为了舒适一些，还是要适当增加布料的弹性。

如何搭配？

塞在里面穿

如果你的衬衫比较宽松，那就搭配稍微紧身一些的高腰裤。如果你的衬衫是修身款的，那首先要确保它穿上后不会产生难看的褶皱。如果搭配低腰裤，一定要确保衬衫比较长，这样才会保证坐下来的时候塞在里面的衬衫不会因为不够长露出身体而走光。如果你想盖住自己的肚子，那就不要像上面这样穿。

你也可以把衬衫整齐地塞进裙子里。这样穿时，要撩起裙子把衬衫从里面往下拉，而且尽量让衬衫腰部以上的部分显得宽松一点。

如果你的胸部比较大而肚子比较平，把衬衫塞在里面的穿法也非常适合，这样你的胸部看起来就不会显得过于丰满了。

露在外面穿

这样穿时适合搭配低腰裤或高腰裤。如果你想遮盖腹部，或者想让宽臀看起来更窄，那么就选择这种穿法。如果你的身材很小，这么穿也会让你的身材看起来丰满一些。

把一部分塞在里面穿

把衬衫的前半部分塞进低腰裤里，然后把衬衫的一边或两边掖好，让剩下的部分从臀部两侧垂下来遮住臀部，这样穿既酷又性感，既可以展露出你平坦的腹部，又可以遮盖住胖胖的屁股。

打结穿

如果你的衬衫太长，那就解开底部的一两个扣子，在前面随意打个结。这种穿法让你的装扮看起来充满夏日气息，而且还能凸显你的曲线。

袖子卷起来穿

如果不想让衬衫穿起来显得太严肃，可以通过露出一部分皮肤来调整。卷起袖子，营造一种随意、轻松的风格。卷起来的袖子看上去也很利落，可以一整天维持这样，方法是把袖子卷到你想要的位置(大约在肘部以下5厘米)，然后再卷一下。这样穿时可以佩戴手镯或手链等饰品。

解开扣子穿

另一个让衬衫穿起来更性感的方法是解开衬衫的纽扣到乳沟处。如果你没有乳沟，可以穿Jane Birkin的裙子，把衬衫开到肚脐以上，这还能很好地展示出你精致的珠宝。如果你本身就是宽肩膀，更适合这种穿法，打开扣子就不会让肩膀显得宽了。这种穿衬衫的方法可以搭配迷你裙，也可以搭配经典长裤，可甜可盐，根据自己的风格来决定就好。

T恤

T 恤早已是巴黎人衣橱的必备品了。它的名字由它的形状得来，像字母 T，一般是针织面料的。如果是白色 T 恤衫的话，你可以 DIY 自己喜欢的图案，也可以和时髦的夹克、和服、醒目的珠宝、大腰带搭配。如果你真的喜欢 T 恤的话，可以多买几件。

如何挑选？

颜色

黑白灰是永远不会出错的。一般来说，有颜色的T恤需要精心搭配，而中性色的T恤只需要通过配饰就可以变得很时尚。鲜艳颜色的T恤会让你看起来具有运动感，而浅色的T恤看起来就像睡衣。

印花

带有印花图案的T恤看起来很有趣，它可以是一件印有乐队名字的T恤，也可以是一件复古的T恤，或者印有其他很酷的印花，你可以去旧货店里找找看。但是全身都是印花的T恤（除了条纹）就比较麻烦，在运动T恤上印有全身印花看起来更像睡衣。

配饰

事实上，一件有装饰的T恤比如带小钉、小刺绣的那种，并不是好的选择，并没有给T恤本身加分，而且还让T恤不好搭配。莫不如用珠宝或其他配饰来搭配T恤。

面料

尽量选择棉布和亚麻的，也可以选择一些布料别致的T恤，但这种最好不是一件纯白的T恤。

款式

V领和圆领看起来会更性感。如果非要做选择的话，我会选择低领口。圆领T恤看起来更有运动感，高领也更有层叠感。实际上，不要穿长袖T恤，因为它看起来像是睡衣，除非你把它们叠穿在其他衣服下面。

小提示

让T恤的下摆露在毛衣下面，这样你的上衣和下摆之间就会形成不同的颜色，就像腰带一样。

考究的上衣

有时候你只是想穿着稍微讲究一点，不需要太夸张，只要轻松别致就好。这时你的衣橱里就需要准备一件相对考究的上衣了。它可能是以由高档面料（如丝绸、丝绸聚酯）制成，也可能有复杂的剪裁（如褶边、镂空、低V领），或有漂亮的装饰（如刺绣、图案印花、装饰品），有惊艳的颜色，或者几种兼有。

“如果你的上衣是精心制作的，那么你的下面就要搭配基本款。”

如何搭配

下装

如果你的上衣很精致，那么搭配基本款的裤子就好了。如果你的上衣虽然考究但款式简单，而且颜色是中性色，那么你可以搭配特别一点的下装。例如，你要参加一个大型的活动，可以搭配同样精致的下装，比如烟管裤、迷你裙或铅笔裙。但如果你要参加休闲的活动，就可以穿休闲牛仔裤。只要根据场合来选择下装就可以了。

鞋子

用精致的鞋子或破旧的运动鞋来搭配你考究的上衣都可以。

珠宝

如果你的上衣款式简单，颜色简单，那么可以搭配别致的项链或耳环。如果你穿的是一件特别精致的上衣，那么可以不戴任何珠宝，或者只戴一副夸张的耳环就可以。

永不过时的毛衣

永不过时的毛衣，换成更通俗的解释就是：一件不会过时而且可以在任何场合穿着的毛衣。要想不过时的话，应该选择中性色。只需要简单的剪裁和织法，它就能和你的每一条裤子搭配。

如何挑选?

我建议你买一件羊绒毛衣，因为它暖和、光滑、不笨重。如果只买一件的话，我建议选择灰色，它可以和所有衣服搭配（选择灰色的其他好处是，它不会显得很苍白或很脏）。事实上，黑色、藏青色和米色也可以。购买的时候应该选择宽松一些的毛衣，V领、圆领或高领都可以，具体怎么选择取决于你的身材和你的风格。

如何搭配?

冬天，用毛衣替换衬衫和T恤吧。更有趣的是，如果你在外面穿上毛衣，衬衫就变成了你的内搭。在办公室里，毛衣与铅笔裙、烟管裤或西装是绝配。

衣橱的必需品，必须要有毛衣

必须要有不同颜色的基本款的毛衣。一件厚实的针织大号毛衣或者考究的毛衣（有褶边、亮片，特殊的针织面料的），不需要其他装饰就可以，而且不同的领口都适合你。实际上，高腰的紧身毛衣也不错。

小提示

可以用毛衣代替开襟羊毛衫来搭配一件连衣裙，这样让连衣裙看起来像一条半身裙。可以把毛衣的袖子卷起来穿，整体看起来既休闲又炫酷。

西装

巴黎女人对她的西装是真爱，西装穿起来比其他任何衣服更显优雅，但也并不像你想的那么正式。你可以在正式场合穿它，也可以在闲逛的时候穿它。

如何挑选？

合身

西装的肩缝线应该与你的肩部线条完全一致。穿着要舒适，如果你觉得在笔记本电脑上打字时足够舒服，你的上臂也没有感觉紧绷，那它就是合身的。还有就是，当西装前面的扣子在完全扣上之后也不显紧绷，那它也是合身的。

款式
想要优雅而休闲的风格，就选择质地柔软、没有垫肩、长到臀部、单排扣的西装。事实上，一颗扣子的西装（可选择收腰款）适合大多数人，而且还能凸显身材。如果你腰细、臀部线条好，那就选择一件束腰的西装来凸显曲线。其实，一件短款西装也是很酷的叠穿选项。领子越大看起来就越中性化。对了，无领西装也不妨尝试一下。

面料
羊毛织物适合做硬挺西装的布料，而高质量的聚酯有非常好的流动曲线。夏天可以选择轻薄优雅的亚麻布，前提是不怕有压痕。

颜色
我建议优先考虑中性色，黑色和海军蓝是全年都可以穿的颜色，而夏天可以选择白色和裸色。

如何穿着？
西装敞开来穿永远是最好的选择，它能把你的上衣和珠宝露出来，同时展现出你优美的线条，很显瘦。如果你想凸显腰围的话，那就扣上扣子。

如何搭配？
将西装搭在休闲装外面是巴黎人的标志性装扮，可以搭配牛仔裤、休闲T恤。

西装也可搭配迷你裙，将性感与中性风融为一体。西装与烟管裤更是绝配，这时西装里面最好穿T恤或毛衣而不是衬衫。如果是晚上，西装里面甚至可以不穿胸罩。

开衫

羊毛开衫听起来不像是衣柜里讨喜的一件衣服，但这是一款既保暖又时尚的服装，因为能它遮住肩膀、后背和手臂，同时还能展露里面的打底。

如何挑选?

跟毛衣一样（见第116页），开衫也有各种面料，比如，松软的安哥拉针织衫、超薄羊绒和混纺丝绸。根据天气和你穿的内搭来选择穿什么样的开衫（如果贴身衣物太硬或太大，薄面料可能会起皱）。

如果想要看起来显瘦，薄羊毛衫是完美的选择，因为它能突出曲线，拉长身高。对大多数人来说，羊毛衫的完美长度是在臀部中部或刚好在臀部以下。又短又宽大的开衫会让人看起来有点方。而长款开衫只适合高个子的人。可以选择低调一点的开衫，仅作为保暖的外套；也可以选择一种更古怪的颜色和风格另类一点的开衫，让它成为你整套服装的亮点。

如何穿着

短款开衫一般是用轻薄的面料做成的，这种款式的开衫看起来很得体。它适合身材瘦小的女性（这种面料可以很好地展现出女孩身上的曲线）。我很喜欢穿这种款式的开衫，里面什么都不穿，就像穿毛衣一样。你也可以把扣子解开，把它当作外衣来穿（只要你认为不显胖就行）。

中长款的开衫，长度到臀部或大腿中部，面料有轻薄的也有厚实的，它的最佳的穿着方式是把扣子解开，像外套一样。中长款开衫通常没有纽扣，有也不会超过一两个。这种宽松的风格，与紧身的下装能够很好地搭配。

开衫的主要优点是可以让里面的衣服若隐若现。如果你选择了一件基本款开衫，里面可以穿带印花或颜色有特点的打底，再搭配一些首饰。

职业装

也许你的工作要求必须穿正装，也许你的工作对着装没有特殊要求，但你想让自己看起来更职业一些，无论是哪种情况，拥有几件职业装总是有好处的。和其他类型的服装相比，职业装总是让你看起来更专业。

职场着装必需品

1. 西装
如果你想要打扮得保守一点，可以选择一件西装，里面搭一件基本款的衬衫。当然，也可以选择搭配一件更时尚的T恤，脚上配一双干净的运动鞋。

2. 剪裁讲究的直筒裤
直筒裤，也可以看作是西服裤子。有些直筒裤在前面有明显的裤线，有些则没有。还有些直筒裤旁边有口袋，有的没有。穿有裤线的直筒裤时要确保裤线不会被你的大腿部撑开，穿有口袋的直筒裤时则要注意旁边的口袋不会张开或露出来。穿直筒裤时建议你搭配一件经典的西装，或者是休闲装，整体看上去会更时髦一点。如果是稍短的直筒裤，可以搭配时髦的短袜或金属质感的鞋子。

3. 铅笔裙
铅笔裙可以看作是铅笔裤的替代品，只是更具女性化特征，所以你没有必要同时拥有铅笔裤和铅笔裙（当然，你希望自己有更多的选择也是可以的）。铅笔裙的下摆可以在膝盖上方，也可以在膝盖下方，可以有开衩或没有开衩。如果有弹力的话你会感觉更舒服，便于走路。

“还有什么比轻松开始你的工作日更好的呢？”

4. 中性色或条纹系扣衬衫

这样的衬衫可以和其他任何职业装搭配，也可以搭配牛仔裤或迷你裙。

5. 高跟鞋

没有什么比高跟鞋更能代表职业女性的身份了。为了让你看起来更专业，请记住，鞋跟越高裙子越长。或者干脆穿裤子。

6. 休闲鞋或德比鞋

可以像男同事那样，穿休闲风格的鞋子或德比鞋。我喜欢用它们搭配七分裤、铅笔裙、短裙或连衣裙。

7. 电脑包

最好是看起来朴素而又结实的皮包，中性色，经典款。

平底鞋

所有女性都应该拥有平底鞋，我们的脚也需要休息。比如，我们平时需要挤地铁（地铁间隔的时间只有 4 分钟，但那对巴黎人来说简直太长了），或许我们有一个比我们个子还矮的男友。各种各样的原因，使得我们穿着高跟鞋走路就像长颈鹿一样，所以至少要拥有两双漂亮的平底鞋：一双是冬天穿的，另一双是夏天穿的。

经典冬款

1. 休闲鞋

休闲鞋男女都可以穿，所以无可挑剔。尽管放心地擦，因为它不易变形。可以选择时髦一点的颜色，也可以选择特殊面料的，又或者两者兼而有之。休闲鞋搭配七分裤、短裤、裙子、连衣裙都会很时髦。

2. 德比鞋或牛津鞋

如果是选择德比鞋或牛津鞋，那就要注意鞋底和鞋头的样式，要买鞋头既不太圆也不太尖的。薄底鞋和圆头的鞋会显得脚小、腿粗，而尖头鞋又显得脚很长。

与休闲鞋相比，它们更具中性化，而且通常都是经典的颜色。想穿得出彩，可以搭配时髦的短袜或连裤袜。

3. 厚底鞋

如果你想给自己的风格增添一丝古灵精怪，就去买厚底系带鞋吧。你可以自如地在巴黎的雨中行走，它们不会弄湿你的脚。而且厚重的鞋底会拉长短腿，让小腿看起来更修长。

经典夏款

炎热的夏日里脚上只想穿凉快的人字拖，但不得不承认，如果去上班的时候穿这样一双鞋，看起来确实有些不妥。这就是为什么你绝对需要一双优雅的“清爽”平底鞋。(这也是我们在着装上比男性有优势的另一个原因。)

1. 芭蕾平底鞋

如果你有一双精致的脚踝，那么选择芭蕾平底鞋，搭配七分裤、飘逸的裙子或牛仔裤，会显得很年轻。但这种鞋的缺点是，你的脚可能会在3秒内就出汗。如果你的脚踝和小腿比较粗，就尽量不要选择这种平底鞋啦。还要注意，不要将它们与及膝短裙或连衣裙搭配，看起来真的很油腻。芭蕾平底鞋应该很轻的，所以要选择鞋底薄且不带任何厚重装饰的。

2. 开口平底鞋

开口平底鞋可以让你的脚呼吸，又不会露出太多的脚面，因此可以时刻保持优雅。这种鞋的开口可以在不同的地方，可以是露脚趾的、露脚后跟的，也可以是侧面开口的。

3. 尖头平底鞋

尖头会让平底鞋看起来更漂亮。但如果你的脚很大，那就别穿尖头鞋了，因为尖头鞋会让脚显得更大，所以建议脚大的人还是采纳前两个建议比较好。

凉鞋

盛夏时节，你的衣橱里需要一双简单款式的鞋，比如平底鞋或凉鞋。在你想买凉鞋之前，你需要先去美足。虽然我讨厌对女人指手画脚，但这就是你想穿凉鞋的代价。事实上，穿凉鞋的男人也应该去美足（剪掉脏趾甲并处理好开裂的脚后跟）。

选择什么颜色的？

如果你只想选一双，那就选中性色的吧。夏季更适合裸色和驼色的，它们穿起来就像是光着脚一样。金色也有这种裸足的效果。如果你的皮肤很白，也可以选择银色。黑色则是非常生动和优雅的颜色。

选择什么材质的？

当然是天然材质的，如皮革、棉的或编织的，它们既透气又实用。实际上，选择合成材料的话可能会导致你的脚出汗（滑溜溜的）。

买凉鞋时选软底的最好，不要选择露胶的，不要脚趾头能从两边露出来的，不要显脚肥的，脚应该被完美地包裹在鞋子里。

必备凉鞋

1. 平底凉鞋

厚底的穿着会舒服一些，而且不易进灰进水；而薄底的更适合脚瘦的女生，但穿起来比较累且容易坏。

2. 高跟凉鞋

高跟凉鞋比平底凉鞋更讲究，从中跟到细高跟都有。矮一点的跟最适合白天穿。粗跟凉鞋则是一个既能增加高度又舒适的选择（还非常适合婚礼）。当你不需要走太多路时，就可以选择穿细高跟鞋。买凉鞋的时候，要确保材质不会太滑，不会让你的脚心出汗，也不会让你的脚向前滑。要有脚踝带，可以固定住你的脚（但这只适合脚踝比较瘦的女性）。另外，要注意鞋的尺寸，脚趾不应该紧靠着鞋边。

3. 厚底鞋

厚底鞋是我最喜欢在夏天穿的鞋。它和平底鞋一样舒服，而且没有比它更舒服的了。你可以找到鞋跟很低的厚底鞋，跟穿平底鞋一样，或者选择日本风格的厚底鞋，但会显得脚很大。如果你的腿部肌肉发达或曲线优美，那么选择厚底鞋就再合适不过了，因为它们的厚重感会让你的腿很显瘦。如果你的小腿非常细，那就不要选跟最粗、底最厚的厚底鞋了。

温馨提示

夏季穿凉鞋的时候一定不要和袜子一起搭配，不然看起来太难看了。

高跟鞋

一双性感的高跟鞋可以让你魅力四射。即使穿着男友风牛仔裤和大号针织衫，如果配一双性感的高跟鞋，魅力也能瞬间提升。如果是搭配小黑裙，更会性感加倍。

如何选择呢？

性感高跟鞋的几个典型特征：鞋跟至少9厘米以上，鞋底不要太厚（我们稍后再讨论这样是否性感），有精致的设计。鞋子类型可以是船鞋、露趾鞋、短靴、及膝靴或长筒靴。最重要的一点是，走路一定要舒服。实际上，如果平底鞋是你穿着最舒服的鞋子，那么它们才是你的“真命天子”，你可以不选择高跟鞋。

最性感的3种高跟鞋

1. 浅口鞋

可以尝试搭配大号的衣服，比如西装、各种各样的裤子等，也可以搭配铅笔裙、烟管裤或套装，这种搭配很适合在办公室穿。即使是牛仔裤，配上浅口高跟鞋也有种职业的味道了。

2. 短靴

穿七分裤或礼服时，不要搭配浅口鞋或凉鞋，搭配性感短靴会让你显得与众不同。短靴还可以搭配紧身牛仔裤、大号或摇滚风的上衣。

3. 长靴

如何让中长裙穿起来不显得邋遢呢？选择高跟或细跟的长靴吧，它们与铅笔裙或飘逸的长裙也都很搭。

运动鞋

曾经有传说，巴黎女人是如此优雅，她们从不会屈服于运动鞋的吸引力。现在让我来告诉你，这是骗人的。自20世纪80年代以来，运动鞋就一直伴随着我们。因为巴黎人喜欢走路（偷偷告诉你，这是我们保持苗条的秘密），即使是最时髦的乐福鞋也比不过一双好的运动鞋。

如何挑选？

一定要拥有一双基本款的运动鞋。可以选择中性色和中性款。低帮运动鞋要比高帮的更容易搭配衣服。你可以分别准备一双厚一点的皮革运动鞋和一双轻薄的夏款运动鞋(在法国，我们自己的本土品牌les Bensimon Ines de la Fressange, Jane Birkin也很受欢迎)。

如果你特别钟爱运动鞋，可以选择不同颜色和面料的。有古怪造型的运动鞋会给人一种动感或前卫感，但这不是我们讨论的永远不会过时的风格。前卫的运动鞋款式更新迭代的速度特别的快，可能你刚买完它就过时了，所以，要慎重选择。

推荐选择的经典款运动鞋:匡威、查克泰勒、本西蒙、阿迪达斯–三叶草、阿迪达斯–斯坦史密斯或者新百伦。

“即使是最时髦的乐福鞋也比不过一双好的运动鞋。”

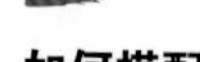

如何搭配？

不管是休息日在家还是在办公室，都可以轻松穿着运动鞋。

下面几种搭配都可以：

- 剪裁考究的裤子、铅笔裙、工作服、西装……
- 休闲款七分裤。
- 性感的迷你连衣裙和裙子。

个性单品

总是选择经典款的衣服一定不会出错，再加上有色彩、印花和配饰各种要素，足以打造出好看的行头。但如果你想要自己的穿搭再上一个层次，你的衣柜里就需要一些有个性的衣服。我说的是那些非常独特、引人注目的衣服。

这样的衣服往往有不同寻常的剪裁方法，有与众不同的颜色、印花或面料。

有一些个性单品的危险在于，它们的风格可能会过时，因此，我建议你不要购买当下流行的东西。相反，你应该试着突破常规，去寻找一款不太知名的，但能够成功通过时间考验的衣服。

小提示

经典款和基本款都需要个性单品的点缀。比如，你穿一件白色T恤配一条中性色牛仔裤，那么你只需要再搭配一件色彩斑斓、缀有珍珠的刺绣夹克，一下子就会个性十足。

第5章
面料

Fabrics

巴黎风格的面料

The Parisian Approach to Fabrics

巴黎女人喜欢看起来精致且穿着舒服的好面料。对我们来说，一块面料的质感几乎和它的外观一样重要。然而，越来越难买到优质的面料。

自 2000 年以来，快时尚公司以尽可能低的成本生产时尚服装的目标占据了行业的主导地位，面料的质量持续下降。由于预算削减的原因，制造过程和面料都在偷工减料。随之，高端品牌也走上了同样的道路，在设计和营销上投入的资金超过了服装本身，导致服装本身质量显著下降。甚至一些奢侈品公司也是如此。我曾经在一家奢侈品牌做销售，他们以极高的价格销售的商品实际上用料并不好。

那么，如果不看价格的话，怎么能认出好面料呢?

“一块面料的质感和它的外观一样重要。”

面料的选择

每一种面料都在传达着某种风格。所以，就像你选择颜色、印花或款式一样，根据你的喜好来选择衣服的面料。

让我们来看看 4 种主要的面料组成。

1. 植物或天然织物

选择纯亚麻或纯棉面料是不会错的，人造丝通常也是一个不错的选择。要知道，棉花有不同的品质，不是所有的棉质面料都是一样的，植物纤维制成的面料会比较好。

2. 毛皮面料

毛皮面料的确不错，但是否作为选择还要看你是否是个动物保护主义者。毛皮面料的保暖效果特别好，但无疑这是一个非常残忍的行业。

3. 混合纤维

混合纤维大多都很便宜，看起来不错，但也有一些是高端的，而且超级耐穿。辨别面料好坏的唯一方法就是摸它并仔细观察。一些高端涤纶面料看起来非常丝滑，而且也不像天然面料那么脆弱。如果你是动物保护主义者，也想要漂亮的衣服，这些是不错的选择。但我建议你不要选择腈纶编织，因为它看起来超级廉价。

4. 混纺面料

使用混纺面料也不错。首先，它们通常会混合两种好的面料在里面。羊绒和丝绸的混纺可以制成轻便、温暖、耐穿的服装；羊毛和棉花混纺出来的织物很柔软，感觉更有活力；棉和亚麻混合起来有干净的外观。缺点就是这些混纺织物很难回收利用。

为了降低成本，许多混纺制品中都含有合成纤维，但使用它们就是为了提高织物的整体质量。例如，使用聚酯后的衣服更容易熨烫、更耐穿。虽然我喜欢 100% 的天然面料，但在混纺面料中加入合成材料的选择也不错。

你不能仅从织物的组成或网上的图片来判断它的质量，你需要走进商店去观察它、触摸它、试穿它。

评估面料

评估面料的外观和面料手感的技巧就是，试着把它折起来后再打开，看看它能不能变回原来的形状，还要注意它是否起皱（这样就可以知道它是否需要熨烫）。

衣服足够硬挺吗？晃动它，看看它是如何运动的。

它会起球吗？如果它会，那就先去衣服的腋下部位搓一搓，看看效果。

它是否会发出亮闪闪的光泽？有些面料有光泽，有些面料不应该有光泽，如果有，就证明它们含有聚酰胺或聚酯。在光线好的地方仔细观察上衣或牛仔裤有没有人造光泽。

怎么判断是轻薄款？先在日光下把它举起来，然后再穿上试一试，看看透不透。

如何判断是不是宽松的版型？你需要试穿一下，确保衣服不会紧裹着你的身体。

纯净面料

我认为，所谓纯净面料往往是那些纯粹、新鲜、清新、现代的面料或同时满足以上所有条件的面料。它们几乎没有任何缺陷，表面通常是光滑的，尽管可能会有规则的几何形状的纹理。纯净面料可能是硬挺的或飘逸的。它们赋予服装一种极简主义的感觉，尤其是浅色的中性色。

八大干净面料

1. 紧的针织棉布
2. 纯棉帆布
3. 涤纶绉纱
4. 有型的人工合成材料
5. 完美抛光的白色皮革
6. 塑胶
7. 牛仔
8. 超光滑皮革

如何穿着

干净面料最适合休闲服、工作服或运动服。可以用清爽的白色棉质T恤或衬衫来搭配牛仔裤、亚麻裙或皮裤。不管是搭配轻薄的还是结构感的连衣裙或裤子，这些面料都是春夏时节的绝佳选择。

英格丽 · 布罗夏德

Ingrid Brochard

英格丽·布罗夏德40岁，服装租赁品牌Panoply的创始人

英格丽的公寓位于第十六区，这里非常别致，窗外可以看到其他房子的屋顶和绿色的花园。公寓内部的氛围优雅而简约，房间里陈列着精心挑选的工艺品。

你如何描述自己的穿衣风格？

冷静、时尚、浪漫，又带点摇滚气息。

你有标志性的穿着吗？

我的圣罗兰燕尾服。我把它穿在裙子外面，搭配牛仔裤或与之相配的裤子，总是会很惊艳。我喜欢这种中性风。

最能体现你穿衣风格的是什么？

对我来说，拥有自己的风格就像是成为一个收藏家。我总是买高质量的衣服，并把它们保存起来。我有一条 20 世纪 80 年代的巴尔曼 (Balmain) 连衣裙，它曾经属于我的祖母，我在伊比沙岛 (Ibiza) 穿着它，把它和凉鞋搭配在一起。复古款式的服装会让我的风格与众不同。

你会根据不同场合穿不同的衣服吗？

是的。我通常会穿平底鞋，这样是为了舒服，因为由于工作的原因我需要经常走动。但偶尔我也想让自己穿得更有女人味，成为一个漂亮的女人 (大笑)。我会穿上连衣裙，画上烟熏妆，但不会涂口红或指甲油。

你能分享一些穿搭技巧吗？

我喜欢朴素或有特点的衣服。秘诀就是找到平衡感。我不擅长混搭风格，我觉得它很难掌握，尽管有些女孩穿起来很棒。我通常只选一件抢眼的衣服，其余的服装尽可能低调。所以，我的建议是，尽量少买衣服，而且一定要买那些永远不会过时的服装，不管是基本款还是限定款的。

租服装和你的风格理念有什么关系吗？

我们都是冲动消费的受害者，买完衣服之后很快就会后悔。租服装可以推动我们以不同的方式体验时尚，完全依照自由的感觉来挑选衣服，变成更时髦的女人，而不必再把衣服收藏在自己的衣橱里。租衣服能让我们在穿新衣服的同时唤起自信和愉悦。

你如何描述巴黎女人的穿衣风格？

巴黎女人，白天可能会穿牛仔裤和运动鞋，到了晚上则会打扮得时髦而耀眼。让人有点难过的是，我们现在往往很少打扮，也许是因为我们的时间不够用。一个巴黎女人，一旦找到了自己的风格，就会忠于它。这其实很棒，意味着她是独立的，不受任何流行趋势的影响，不跟风。

原生面料和磨旧面料

原生面料的特点就是不完美。也许在最终的服装上，我们看到的自然纤维或材料是不规则的，或者它们看起来是褪色的、旧的。

获得这种面料的最佳方式是寻找未经加工的天然纤维和材料，就像在古董店寻找宝石。但是假的永远不会像真的一样好看。例如，你可以找到由亚麻、棉布（如牛仔布）或皮革制成的这种布料。

由于巴黎人看重自然的外观，所以他们格外喜欢这些面料。如果你问一个巴黎人，她是如何得到 LV 包上的老旧古铜色或牛仔裤上优雅的磨旧色，她会告诉你，她从祖母那里继承了第一个，从高中开始就拥有了第二个。即使这不是真的，这也是一个很有魅力的故事。如果你不够幸运，没有一个喜欢 LV 的奶奶，又或者没有在高中的时候就拥有了两个 LV，那么你可以去古董店看看以满足你的愿望。另外，耐心点，你的牛仔裤最后也会随着时间的流逝有磨旧感的。

6 种最受欢迎的原生面料

1. 亚麻。
2. 生丝。
3. 牛仔布。
4. 皮革。
5. 灯芯绒。
6. 厚实的针织羊毛。

6 种磨旧面料制品

1.古铜色的皮包、皮带或皮靴。
2.带有真实年龄纹路的甚至破洞的牛仔裤和夹克。
3.边缘撕裂的超薄 T 恤衫。
4.印有褪色字体的印花 T恤。
5.褪色的牛仔裤。
6.穿旧的脏兮兮的运动鞋（时髦地脏，不是带有污垢的那种脏）。

避免仿旧服装

- 牛仔裤或T恤上的假洞被放错位置。拜托，你会在那里磨出一个洞吗?你最好买一些旧的、(可能)更便宜的正品。
- 牛仔裤上假的老化纹路。它们看起来很不自然。此外，它们的创造过程对环境和工人也都是有害的。
- 假老化的皮革，应该是通过应用不同色调的抛光和非人造的方式来实现的。

丝绸面料

我把有贵族气质的布料定义为“珍贵”。它看起来应该是贵、性感而又精致的。当然，如果你想要真正得到这样的布料，你就得花相应的价格，但实际上，它们是可以伪造出来的。这些面料大多有一些光泽，所以可能会受到巴黎女人的喜爱，这可以让她们在白天或者晚上看起来金光闪闪。你可以用一种珍贵的布料给干净的或原生面料的休闲装增添些复杂的东西。

4 种珍贵面料

1. 滑而薄的绸缎。
2. 柔软的天鹅绒。
3. 硬挺的锦缎。
4. 透明的、超轻薄的面料（注意，这些面料都是由丝绸或类似丝绸的纤维制成的）。

如何穿着？

- 丝绸和服可以搭配牛仔裤、复古皮带、亚麻上衣和一双匡威运动鞋。
- 黄色天鹅绒迷你连衣裙可以搭配驼色皮革短靴和米色风衣。
- 金色和黑色织锦烟管裤可以搭配黑色宫廷鞋。
- 高跟鞋和挺括的白色衬衫、薄纱中长裙可以搭配大号针织衫和高筒靴。

第 6 章
配饰
Accessories

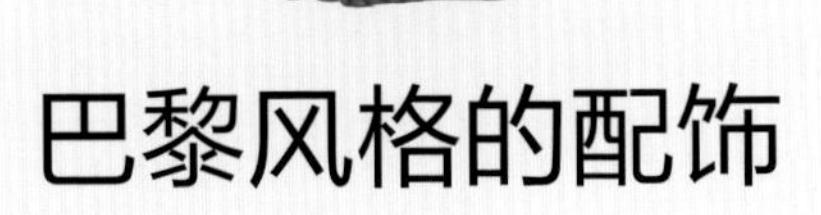

巴黎风格的配饰

The Parisian Approach to Accessories

在巴黎女人衣柜里，基本款是永远不会过时的，不过为了在人群中可以脱颖而出，就必须要给这些基本款增加点小心机。可以说没有什么比配饰更合适了，所以巴黎女人如同珍爱衣服一样珍爱她的珠宝、围巾、鞋子和包。越传统的巴黎女人在购买配饰时越大胆。对于巴黎女人来说，除了拥有一柜子的衣服还有一柜子的鞋是一件很普遍的事。毫不夸张地说，即使是凯莉·布拉德肖看着这些鞋子都会眼红。

配饰一般有两种类型：一种是比较低调的，能与服装融为一体。另一种则较为张扬，它们有着自己独特的风格。巴黎女人当然是两者都喜欢，尽管她可能更偏爱其中的一种，比如会小心地选择珠宝，但是会大胆挑战稀奇古怪的鞋子。

"巴黎女人如同珍爱衣服一样珍爱她的珠宝、围巾、鞋子和包。"

围巾

当巴黎天气转凉的时候，围巾就开始派上用场了。无论是在寒冷的冬天，还是在微风拂面的夏夜，围巾对我们来说都很重要。我们的围巾有不同的样式，每个样式都有不同的用途和风格。

围巾样式

1. 丝巾

这是一种在天气不太冷的时候戴的围巾，通常是由轻薄的织物制成，如棉、亚麻、丝绸等。尺寸从很小到超大不等。经典的丝巾样式是很宽很长那种，你可以直接围在脖子上。我一般会避开那些细长的丝巾，而去选择足够宽大的，这样戴起来凉爽。把丝巾的一角托起来（这样在下摆会形成一个尖角，而不是一条僵硬的水平线），然后挂在脖子上，再把丝巾末端固定在臀部上方和胸部下方，随意地将围巾的两端绕在脖子上，最后将丝巾扯松散些，使它看起来更有层次感。

2. 方巾

方巾可以算是围巾的一种。顾名思义，方巾的形状是正方形的，大小不一，材料也各不相同。小方巾看起来很保守，我建议你可以搭配一些酷酷的衣服。大方巾看起来则很随意。如果你用的是大方巾，可以把它对折成一个大三角形，角朝下系在前胸，另两个角在脖子后面交叉后放在前面，让它们自然悬挂在三角形的两边。也可以用同样的方式折叠后在后面打结。

3. 披肩

有些人可能觉得披肩过时，但它作为一种很考究的物品，在一些典礼上经常被使用。披肩很宽很短，所以你不需要卷它或打结，简单披在肩膀上就好。

4. 围巾

这是一种用羊毛或山羊绒做成的适合冬天用的围巾，这种围巾通常又长又大。可以先把围巾披在脖子上固定好，使其末端垂在臀部上方和胸部下方，然后将围巾的两端绕在脖子上，留出下巴的空间。最后调整两端，使其在前面几乎（但不是完全）保持水平。

小贴士

如果你想要身材显得修长而苗条，只需在脖子上围一条围巾，让末端垂在前面就能达到你想要的效果。

腰带

想必你已经知道系不系腰带哪个是好主意了吧（见第 90 页）？那么，下面让我们看一下什么样的腰带更配你的衣服吧。腰带是一种很棒的配饰，它能为你的搭配增添质感、色彩和装饰。

“一条天然皮革的复古腰带很适合搭配牛仔裤。”

腰带的类型

大多数腰带是为特定的用途或身体上某个部位而设计的。选择一条和你的衣服相配的腰带吧。

牛仔裤腰带

它们的设计正好适合牛仔裤的腰带环。所以，如果你有牛仔裤要系腰带，不要错误地使用西装裤用的小腰带。

细腰带

细腰带看起来比较得体，适合搭配裙子或工装裤。它们系得高一点儿或低一点儿都可以。

宽腰带

宽腰带真的很显身材，即使是搭在礼服上看起来也会非常性感。有的会有一个金属扣，有的则必须要打个结。总之，不管宽腰带的颜色多么低调，它都是一种抢眼的配饰。

腰带的风格

对于腰带，不同质地、颜色、印花和扣带能表现出不同的风格。要依据着装风格来选择腰带。

复古风

一条用了很多年的天然皮革制成的复古腰带或者一条量身定制的新腰带，最好配上不显眼的黄铜扣，再搭配牛仔裤或者花裙子，那将会非常好看(见第144页)。

雅致风

如果搭配裤装，要用小巧的漆皮腰带；如果搭配礼服，则最好用金色或银色的细腰带。

时髦风

一条腰带可以彰显时尚，为经典套装增添情趣。它可以有鲜艳的色彩，或有印花(比如豹纹或斑马纹)，也可以是闪闪发光的。

波希米亚风

例如，用皮革或丝带束腰，再打个结，会给你的牛仔裤或线条优美的裙子增添波希米亚风的精致感。打结的腰带要系在高腰的裙子上，让其中一端可以随意垂下来。

装饰扣

装饰扣就像一颗镶嵌的珠宝，可大可小，风格任意，完美搭配简单的连衣裙、牛仔裤和衬衫。

包

不同的场合应该有不同的包，可以与你的衣服完美搭配，并且还能装下你需要的一切。但是在日常生活中，大多数人几乎每天都用着同一个包，除非哪天这个包和我们的身份完全不匹配，或者不便于装我们要带的东西，我们才会突然想换掉它。

我们习惯背同一个通勤包的原因有很多，比如：将一个常背的包换成另一个包很难受；其次，包很贵，也很占空间，而且你实际上也不需要拥有两个以上的包。对大多数巴黎女人而言，随身携带小晚装包似乎更容易些，除非她们更愿意将钥匙、口红、手机和信用卡放在口袋里。关于包的选择，我这里倒是有些建议。

“压缩衣柜”

日常手袋

作为日常手袋，应该要能装下你每天需要的一切，而且适用于任何场合，同时经久耐用，有着舒适的带子（不要太小、太薄）。不要选一个太大的包。深中性色（黑色或天然皮革是必备的）会更容易搭配。你可以根据你衣柜里的衣服色调来挑选包的颜色。棕色往往看起来随意，有复古或波希米亚风的感觉；黑色感觉更别致。如果你已经拥有基本款了，可以考虑多些颜色。但是要记住：这个包你也许会用很多年，太古怪的包可能不太适合。

外出手提包

当你不需要带很多东西，但仍计划有一个下午的外出安排时，一个中等大小的日用包将符合你的需求，舒适且通用。你可以选一个中性颜色的，和一个有不同颜色或图案的更有趣的手提包。

派对手袋

如果你想让你的包和你一样漂亮，你可以选择派对手袋。中性色可以确保即使搭配最出格的衣服也不会出错，最好是金色或银色。此外，还有各种形状、面料、颜色和装饰的包可以尝试。拿着它，你会感觉手里像拿着一件艺术品。

日常夏日包

有时候，你的日常包（可能是深色皮革的原因）可能看起来会很沉闷，这时候就需要一个更轻薄的款式。你可以选择那些较为柔和轻薄的颜色及面料，比如帆布的。

假日旅行包

它可以是棉布手提袋、草编袋或民族风旅行袋，最重要的是，它可以和夏装完美搭配。毕竟，一个黑色的皮包搭配飘逸的夏装看起来会很奇怪。不是吗?

小贴士

可以试着在包里放一个轻便的内置包，里面装着你所有的必需品，这样可以很容易地把它们从一个包转移到另一个包里。

鞋·袜

我们已经在前面讨论过了鞋子，但在那里只讨论了基本款。其实鞋子可以是改变整体风格的最佳配件。而裤袜（连裤袜）大概是搭配衣服最便宜、最有效的东西了。

为什么要投资鞋子呢？

如果它们像艺术品一样，那么它们就不会过时。因为你的脚基本上是不会变的，所以可以把鞋子当作一项很好的投资。你可以把它们和很多不同的服装混搭在一起。

以下是我们在购买鞋子时要考虑的几件事。

关于鞋子

颜色

可以从经典款鞋子的颜色开始。不要害怕鞋子上的颜色多，你可以用中性色以及鞋子上的任何颜色来与它们搭配。

鞋跟·鞋底

不寻常的鞋跟或鞋底：鞋跟可以是金色的、透明的、宝石纹的或彩色的，鞋底也可以如此。

装饰

可以大胆尝试一下绒球或水晶元素及刺绣等装饰，但也不要太喧宾夺主。猫脸懒人鞋的微妙之处使其成为经典。

面料

面料可以尝试仿小马皮的、金属的、蛇纹的、漆皮的或混合面料的。

印花

印花可以考虑豹纹、斑马纹、植物、花朵等。

关于袜子

袜子对我们来说，就像面包上的黄油一样，很重要。

我最喜欢的袜子

闪亮的袜子
穿布洛克鞋和九分裤时，一双闪亮的袜子为裸露的脚踝部分增添了几分趣味。你也可以将它们穿在黑色紧身裤袜上，这样就可以露在脚踝靴的上方。

绣花丝袜
绣花丝袜非常适合搭配低帮鞋，有一种少女气息，在冬天也能为你增添一丝暖意。

渔网袜
渔网袜让人多了几分性感，与凉鞋或宫廷鞋搭配也很可爱。

印花袜
无论选择优雅的圆点还是精致的格子，都要搭配低帮皮鞋把它们展现出来。

我最喜欢的连裤袜

黑色连裤袜
黑色连裤袜有不透明和半透明的，它们非常百搭，看起来也很职业。但注意在搭配暖色的衣服时，要换成深棕色的连裤袜，以避免对比过于鲜明。

连裤绣花袜
底色上带小点的可爱又俏皮。黑色可以搭配各种颜色和印花。不过如果你能找到彩色的也不妨试一试。

蕾丝袜
蕾丝看起来会很精致，可以把它们和朴素的颜色搭配。

彩色连裤袜
穿上它，所有的眼睛都会盯着你的腿看。厌倦了小黑裙？那就大胆点，配一双红色的连裤袜试试！

帽子·手套

在过去，女性出门都要戴着帽子或头巾，手套更是优雅的象征。如今，戴帽子不是那么普遍了，还会让你在人群中有些过于显眼，而戴手套也只是为了御寒。我觉得，其实帽子是所有配饰中最大胆的一种，集功能性和优雅于一身。

帽子选择

无檐小便帽

根据你的脸型，可以选择小而紧或蓬而松的。它外观偏休闲，带有运动风格，看起来很朴素，你可以选择亮丽的颜色为冬季服装增添趣味。在戴小便帽之前，一定要确保前面或两边有一点头发露出来，好衬托脸型。你可以把无檐小便帽稍微侧着戴，这样会显得很随性。

头巾

如果你选择质地优良的头巾，那么白天或晚上都是适宜戴的。你还可以用些夸张的耳环来平衡头部小的问题。通常戴头巾时应该把头发藏在里面。不过，你也可以把头巾往后拉一点，让刘海散开，或者让长发垂在两边。

经典的帽子
软呢帽（宽檐软毡帽）给人一种非常烦琐的感觉，因此很难搭配。

我的建议是，以一种轻松的方式来定义它，就好像戴它是一件再正常不过的事。

无论是披肩还是软呢帽，随意搭配长发都是完美的选择，特别是：软呢帽会让你感觉有点清纯。你也可以试着把头发藏在帽子里。

草帽
无论是一顶平底船帽，还是一顶宽边草帽，都是你假日服装的完美搭配，可以以一种别致的方式保护你免受阳光的伤害。帽子越不透明、织得越密，你就会得到越多的保护。你可以把头发随意地垂下来，编好辫子，或者把头发藏在帽子里，只留几缕散在脸上。

贝雷帽
贝雷帽这款标志性的法国帽子又重新流行起来了。它有一种很独特的戴法，首先，确保你的头发周围都鼓了起来，然后把它往旁边拉。

丝巾
觉得今天的发型有点乱，或者想给自己的装扮增添一点色彩？卷起一条小丝巾，扎在头发上作为配饰。(如果嫌麻烦，你可以买带有现成结的围巾。)

手套

面料
市面上大多数手套都是羊毛做的，虽然温暖但也会让手部显得臃肿，看起来没那么时髦。要想买一双优雅的手套，让你的手指显得又细又长，你得先去专卖店量一下你的手，找到手部精准的尺寸。最漂亮的手套也都是由薄皮革制成的，如果你想真正御寒，可以选择带一些衬里的。

颜色和印花
我通常建议在买服饰用品的时候先买一些基本款。不过，如果你的外套都是黑色和米色的，你也有很多中性色的鞋子和围巾，那么为什么不一开始就大胆地选择一些更独特的手套呢？比如豹纹或紫红色的，或者是一副有趣的印花羊毛手套。

小贴士
露指手套——不是麦当娜特权，在你需要用手指的时候，它简直是个宝贝，尤其是当你离不开手机的时候。另外，露指手套还可以让你在冬季将美甲展示出来。

塞西尔·弗里克

Cécile Fricker Lehanneu

43岁，设计师，高级珠宝品牌塞西尔的创始人

毗邻蒙巴纳斯，塞西尔经典宽敞的奥斯曼公寓里装满了考究的家具和艺术品。她端着一杯精致的茶跟我打招呼，茶装在好看的手工茶杯里，然而和杯子似乎并不是那么搭。

你如何描述自己的风格？

这个问题我没怎么想过。也许是一些女性化的东西，但不是每天都这样。优雅也是。我的穿衣风格会让我看起来与众不同。作为一个造型师，我很喜欢这些东西。

这些年来你的风格有变化吗？

我过去的风格一直都是比较前卫的，我从 20 岁就开始收集漂亮的东西。但现在恐怕我变得更有女人味儿，更有魅力吧！

你的风格会随场合而改变吗？

是的。晚上的时候，我特别喜欢那些惊艳的衣服、高级的服装，配上珍贵的面料和高跟鞋。不过在白天，我更喜欢舒适的混搭风，它更适合母亲的角色。

你喜欢追随潮流吗？

我喜欢印花和有趣的剪裁，所以，我会追随潮流，偶尔买一些流行的衣服，但只是因为我喜欢它们，而不是仅仅为了追随潮流。这意味着即使流行结束了，我也不会丢弃这些衣服。

你怎么对待化妆这件事？

我的妆都很淡。我需要一些粉底来保护我娇嫩的皮肤和遮盖黑眼圈，用一些睫毛膏和腮红来提亮脸，仅此而已。不过在晚上我会涂鲜红色或粉红色的口红。

你对珠宝有什么看法？

珠宝是百物之王。它们会被留存，一直传承下去。我从小就对宝石着迷，凭着自己的直觉去选择和佩戴它们。我也设计珠宝。对于我自己的系列，“塞西尔”，我希望它们是珍贵、浪漫和现代的。

哪件衣服在你衣柜里待的时间最长？

我从 21 岁开始就穿日本设计的衣服，并一直保留着它们。它们是如此经典。

你能给一些风格方面的建议吗？

了解自己，买自己喜欢的，而不是听别人的。知道什么适合你的身体和肤色，永远不要违背它们。当你知道如何让自己看起来漂亮，那一切都有可能。当我买一件衣服时，我还会想象它能和我衣柜里的什么衣服搭配。选择适合现有衣柜的衣服，我想这也是个不错的建议。

你觉得是什么让法国女性如此时尚？

她们有很多基本款衣橱必备品，可以随心搭配。

首饰

首饰是最好的配饰，它们就是为了点缀而存在的。如果你想试图打造一种风格，那首饰是必不可少的。

它不需要太大。一般有两种不同类型的首饰：一种是精致型的；一种是大而显眼的。有些女性只喜欢一种，有些两者都喜欢。如果你还不熟悉如何搭配首饰，我建议你两种都可以尝试，像著名的法式风情偶像简·伯金那样，她总是穿着简单的衣服佩戴一件首饰，时而是精致的，时而是显眼的。

皮肤的珠宝

你可以在任何时候都戴着首饰，即使是最小的项链也能让最简单的衣服看起来很高贵。

如果你想让首饰陪伴你一生，可以选择收藏一些贵重的，它们可能是送给自己的生日礼物，也可能是你所爱的人送给你的礼物或者传家宝。如果你愿意，你还可以定制首饰。每种首饰你都可以挑选一件：闪闪发光的项链，可以与任何东西搭配的耳环，完美缠绕在手腕上的手镯，一枚或数枚戒指。

当你拥有一些精致而珍贵的首饰时，唯一的问题是你很难把它们与人造首饰搭配在一起。比如在施华洛世奇水晶和镀金的耳饰上，搭配真金和钻石会让后者看起来很廉价，尽管它们本身并不便宜。因此，如果你有一枚非常珍贵的镶有钻石的戒指，那就把那些普通的戒指戴到另一只手上吧。

除非你是玛丽·安托瓦内特（Marie Antoinette，史上著名的法国皇后，路易十六的王后，拥有很多非凡的珠宝），否则还是选择人造首饰吧，由半贵重材料和非贵金属制成的首饰。它可以由天然石头、黄铜甚至甲基丙烯酸酯（一种光滑的象牙状合成物）制成。大胆地用你的首饰装扮自己吧。也许是挂在下巴线下的耳环，也许是礼服前引人注目的项链，或者是当你把手臂放在桌子上时叮当作响的手镯。买这些东西的时候不要顾虑太多，总会有能搭配它们的衣服。重要的是你真的喜欢它们。

什么样的首饰可以搭配在一起呢？20世纪50年代，女性常常佩戴成套的首饰，虽然现在看来已经过时了。并不是所有的首饰都能很好地搭配在一起。为了避免搭配不当，可以选择风格相似的不同首饰。试想一下：巴洛克风格的耳环配上简约的项链，或者是一个光滑的戒指搭配一个不规则的手工手镯，看起来很奇怪不是吗？

叠戴首饰

你也可以试着用许多金针和金耳钉来点缀你的耳朵，用无数超细的金手镯、项链和戒指来装饰你的手腕、脖子和手指。每一件作品的风格都可能略有不同。例如，一枚轻盈的波希米亚戒指可以搭配一些更简约的款式。

首饰叠戴在一起时也要适度。一条显眼的项链和一对显眼的耳环放在一起通常太过抢眼（把耳环丢掉，换上小耳钉）。几个粗大的戒指也可能太多。少戴一些或一只手戴个性戒指，另一只手戴几个精致的戒指。大手镯或袖口和个性戒指会很搭。

小贴士

用胸针和别针来固定你的衣服。在外套的领子上、毛衣上、开衫上、围巾上、帽子上，甚至T恤上都别上一颗宝石。把金银材质的首饰混在一起不会出错。

首饰与衣服

佩戴首饰时要考虑衣服的整体风格，特别是靠近首饰的地方（比如领口、袖口）。首饰与衣服的风格可以统一，也可以混搭：比如干净、经典的衣服搭配艺术风格的首饰，运动或摇滚范儿的衣服搭配巴洛克式的首饰，前卫的衣服搭配民族风的首饰。

如何用首饰来装饰衣服

• 烦琐的领口
如果你的上衣在脖子上再有装饰物，比如拉夫领、维多利亚时代的项圈或明显的纽扣，那么把项链换成耳环可能会更好看点。

• 高领毛衣
高领毛衣与超大耳环搭配起来是非常好看的。长项链和吊坠目前已经相当过时了，但肯定还会再流行起来的，它们也是很好的搭配。

• V 领
戴上一条纤细精致的项链会非常漂亮，无论是短吊坠项链还是较长较重的V形吊坠项链都可以。

• 圆领
choker（一种长度在锁骨以上并紧贴脖颈的项链，也可以叫贴颈项链）与圆领很配。你也可以尝试或细或粗的长V形吊坠项链。

• 系扣领
如果把领子敞开着穿，它们就像V领；如果把扣子扣上，你可以戴一条圆形的项链。

• 宽松的袖子
你可以选择戴戒指，也可以把袖子卷起来露出点皮肤（还有手镯）。

• 紧袖
你可以选择戴上手镯。

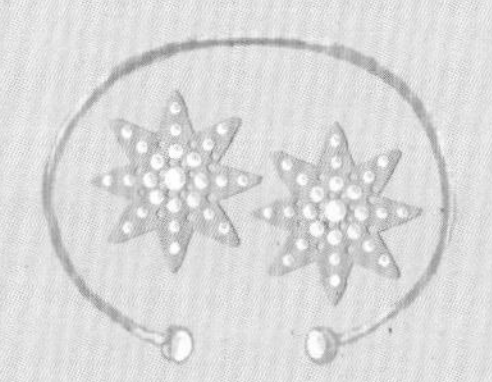

MARS
DRAGO
BIG-DIPPER

眼镜

无论是为了保护你免受阳光的伤害，还是保护你免受粉丝的打扰，抑或是帮助你看东西或看书，眼镜肯定会改变你的面部特征。所以，花点时间认真地选择眼镜吧。

近视眼镜

既然你每天都会戴上它，所以最好还是予以重视。如果不想让眼镜成为搭配衣服的障碍，建议你选择一个中性的镜框。黑色的镜框对于黑头发的人来说向来都是个不错的选择，不过温暖的色调可能会使深色头发的人面部显得更硬朗，而蓝色的镜框会让脸像钢铁一样冷酷。如果你想要别致柔和的感觉，那玳瑁镜框倒是个不错的选择。你也可以选择复古的金色、玫瑰金或银色镜框。如果你有金色的头发和白皙的皮肤，那透明或灰色的醋酸纤维框架会很适合你。

我建议最好不要选无框眼镜。因为即使戴的是无框眼镜，仍然会注意到框架，而且还会失去风格。对于眼镜的形状，即便是大牌眼镜，我还是建议你选择经典的款式，即使你选择了夸张的眼镜，那些偏心机型的框架也难以与其他配饰相搭，时间久了你也会不喜欢。忽略那些没有意义的细节吧，比如镜腿上的花朵装饰或小宝石，它们只会让你早起梳妆打扮变得更复杂。

如果你选择了金属镜框，那就不要戴金属耳环，不然会显得你的脸很像金属脸，就像你 15 岁时戴牙套的样子。

太阳镜

太阳镜越大越好，只要它不比你的脸宽，让你看起来像只蜜蜂，太阳镜则越大越好，你肯定会得到更多的防护，而且大眼镜看起来也更时髦。你见过戴着小太阳镜的电影明星吗？除非你想隐藏自己的身份，否则不要在室内还戴着太阳镜，那会让你看着有点古怪。

太阳镜要选择大胆的颜色或白色镜框。当然，黑色和棕色是搭配服装最保险的颜色，但是那些有夸张造型的，比如猫眼或巴洛克式的，还是白色或亮丽的颜色比较好。

妆容

有两种化妆的方法。一种是裸妆（男性可能看不出来，但会化妆的女性一眼就能看出来），涂一些粉底、遮瑕膏、高光粉和腮红来均匀肤色，减少黑眼圈，看起来像是自然的容光焕发。另一种是通过化妆来衬托或强调你的着装风格。口红、眼线和眼影是最能体现个人风格的。

眼线

黑色眼线几乎适合所有人的眼睛，赋予眼睛清晰的轮廓和性感的杏仁形状。可以搭配大胆的红唇，展现性感女郎的风采，也可以用润唇膏来营造复古的感觉。

大胆尝试不同的颜色或金属色（会让你的眼睛闪闪发光）。因为你画的眼线很细，它会产生奇妙的冲击力，不会让你看起来像你想象的那样怪异（见下页图片）。

睫毛膏

如果你喜欢清新、天真的风格，可以试着在睫毛上涂上大量的睫毛膏，脸部的其他部分则保持干净，只涂一些桃红色的腮红。

烟熏妆

烟熏妆能营造出一种非常强烈的凝视感，可以非常精致，也可是摇滚范儿，这取决于你的发型、穿着方式以及妆有多浓。烟熏妆是聚会的绝佳选择，它与裸色的唇妆和嘟嘟嘴特别搭。

眼影

至于眼影，你可以大胆尝试不同的颜色，这些颜色很显眼，但并不会像你想的那么古怪。选择一种能增强你眼睛美感的眼影吧。

试试用紫色和红色来装饰淡褐色的眼睛；用铜色和银色眼影来装饰蓝色眼睛；用深粉色和红色装饰绿色的眼睛。如果你的肤色偏黑，可以试试铁蓝色或绿色的眼影（它们作为眼线效果很好）。

唇妆

口红是巴黎女人的秘密武器。红唇配上裸妆（看起来是裸妆）是巴黎的经典妆容，它可以让无趣的衣服不再无聊。另外，你不需要更多的化妆品来获得自然、清新的肤色。为了达到最佳效果，请在化妆师的帮助下选择最适合你的红色。

美甲

巴黎女人不太喜欢过长和装饰过度的指甲。干净又短的红指甲是她们最喜欢的风格之一，因为可以自己做，而且超级百搭。如果你想改变一下，可以尝试一些不同寻常的颜色如深蓝色、淡紫色、铜色等。如果有机会，可以去美甲沙龙尝试一种精致的美甲。何不尝试把杏仁形指甲修成半月式呢？

第 7 章
风格

各种各样的巴黎风格

The Many Styles of les Parisiennes

在这一章中，我主要讲述我眼中有代表性的 5 种巴黎风格。巴黎人受无数种风格的影响，不拘于某一特定风格群体的规则。自由奔放的巴黎人更喜欢从不同的影响中挑选，并将它们融合在经典的基础上。当一种新潮流出现时，我们会把它融入自己的风格中，而不是为了迎合它改变自己的整个风格。

“创造属于你自己的巴黎风格的混搭。”

非典型巴黎风

白天

这种风格在白天的穿搭绝大多数是中性和经典的基本款。因为不想引人注目，所以会远离任何高调的单品。然而，并不像人们想象的那么乏味，在细节和配饰方面，这种穿衣风格的人也很大胆。如果你仔细看，就会注意到她们可能穿戴着印着眼睛的衬衫、黄色的鞋子和超大的戒指。有时候，她们会把自己的中性基本款换成多彩的。如果是年轻的女性，她可能会在喜欢的风衣下搭配一件永不过时的黑色连帽衫，并配一双淡粉色运动鞋。

着装要点

- 买经典的单品。
- 将经典的与彩色的配饰混搭。
- 戴精致的首饰。
- 打理头发，但也不过度修饰。
- 化自然妆容。
- 指甲要短，并修剪整齐。

晚上

晚上的装扮则非常注重布料和剪裁了。每次出现在朋友的晚宴上时，她们都会穿着不同的小黑裙（还有同样迷人的黑色宫廷鞋）。有时裙子是长开衩的，有时是短的低背款，有时布满蕾丝，但永远都是经典款。在非常特殊的场合，她们会选择更大胆的颜色和布料，但在裁剪上会尽可能低调，因为她们更希望有人注意到自己低调的优雅。

着装要点

- 购买永不过时的款式。
- 除小黑裙之外，可以试试黑色连衣裙。
- 在羊毛外套上别枚胸针。

优雅的波希米亚风

白天

尽管在广告业工作，但图片中这位巴黎姑娘还是梦想自己能成为一个流浪的音乐家，一个女诗人或画家。她的穿衣风格受到世界各地的影响。她能把印第安包、美洲原住民腰带和英国粗革皮鞋搭配在一套装扮里。她还会在古董店寻找最完美的维多利亚时代的衣领，以及20世纪80年代最好的二手李维斯（Levis）。她喜欢所有有光泽、飘逸的衣服，以及带刺绣、流苏或蕾丝等细节的东西。她经常去玛莱区（Le Marais）的精品店，那里全是她喜欢的波希米亚风的服饰，比如亚麻、天鹅绒、珍贵的丝绸、原色牛仔、褪色的印花等。

着装要点

- 选择原生态的面料。
- 选择带有印花图案的，并把它们混搭在一起。
- 选择带绣花、珍珠、羽毛或流苏的。
- 慵懒随意的发型。
- 有飘逸感的衣服。
- 尽可能多地戴上各种珠宝首饰。
- 戴围巾。
- 叠穿出层次感。

晚上

夜幕下的波希米亚风与白天的装扮差不多，但往往会花时间把长发挽成一个看起来乱糟糟的发髻，再化上烟熏妆或涂上深色的口红，还会配一件低胸的丝绸上衣。

着装要点

- 化浓妆。
- 高跟鞋搭配亮闪闪的袜子。
- 可用正装长裙搭配一件西装外套或和服。
- 低胸丝质紧身短裙配磨旧牛仔服，脚穿天鹅绒高跟鞋。
- 佩戴超大号的首饰。

海报女郎风

白天

裙子、复古高跟鞋、圆点印花、高腰带和红唇都是这种风格的标配。当然也并不总是这么简单，可以通过各种变化来体现多样的性感，比如高腰牛仔裤搭配鲜艳的红色芭蕾平底鞋和花哨的短袖衬衫，蓝色束腰连衣裤配上金色的高跟鞋。这种风格适合搭配古怪或老式的配饰，你可以在小品牌精品店和古董店中找到适合自己的宝贝。

着装要点

- 尽可能地勾勒出腰围。
- 将飘逸的和修身的款式对比搭配。
- 选择亮丽的印花。
- 平跟鞋、中跟鞋和其他易穿的高跟鞋是白天的必需品。
- 在短指甲或杏仁形指甲上涂指甲油。
- 紧身羊毛衫和带腰带的风衣。
- 偶尔可以穿芭蕾鞋或尖头平底鞋让脚休息一下。
- 化碧姬·芭铎(Brigitte Bardot)一样的妆容（眼尾上扬的眼线加上红唇）。

晚上

如果晚上出去跳舞，可以选择一套能衬托身材曲线的衣服。在腰部束腰或系腰带，或者穿上高腰或紧身衣。脚上一定是高跟鞋，低胸装也是必备的。作为复古风爱好者，可以选择经典的颜色，比如黑色、红色、裸色或白色，但也可以是更多意想不到的色调和复杂的印花。

着装要点

- 选择低胸或紧身上衣。
- 勾勒出腰围。
- 搭配束带夹克和和服。
- 涂上红唇。
- 画眼尾上扬的眼线。

艾曼纽埃尔

Emmanuelle Mary

39岁，企业家(公关兼瑜伽老师)

艾曼纽埃尔的公寓位于巴黎第十八区。客厅里四处摆放着 CD 的架子，书和艺术品则堆放在各种家具上。她给我看了她那又小又挤的步入式衣帽间，里面全是些款式夸张的衣服，似乎来自不同的地方和时代。

你如何描述你的风格？

性感、摇滚、自然、时髦。

你能跟我们说说你今天准备怎么搭配吗？

这条裙子是我喜欢的比利时品牌 Papa 的，它可以完美地体现我的风格。性感的款式，有趣的印花和精致的粉色缎面层，与我的 AC/DC 复古 T 恤很配。我也经常戴很多珠宝。

你会根据不同场合穿不同的衣服吗？

我会，不过我会保持自己的风格。当有专业会议时，我会佩戴珠宝来体现时髦、性感。在休息日，我会更偏向直边裁剪的款式以保持优雅。

你拥有的最老的衣服是什么？

（拿出一件印花背心裙）我从 15 岁起就有这件衣服了。

你一直穿着它吗？

这是我夏天的主要搭配之一。实际上我昨天还穿着它配摩托车靴呢。

你衣柜里还有其他老物件吗？

（她回到衣橱，拿出一件 20 世纪 90 年代的筒裙）这和那件背心裙差不多大，我最近也穿了它。

但这件衣服一度过时，感觉没有吸引力，我就不再穿了，但仍然很喜欢，直到后来再流行起来，我又开始想再穿它。

关于化妆呢？

在日常生活中，我几乎不化妆。也不怎么打理头发，都是随便梳一下就搞定了。在特殊场合，我会画烟熏妆、涂腮红或亮唇。

你能给一些穿衣建议吗？

制定自己的规则，穿自己喜欢的衣服，不要太在意你应该做什么。关键是找到合适的项链、西装、鞋子，让你的衣服有一个别人不知道的小细节。一旦拥有了它们，拆散重组就行了！没有必要花几个小时在盥洗室里纵容自己。最重要的是，相信你自己。

艺术风

白天

喜欢艺术风的女孩要么完全独立于潮流，要么是潮流的忠实追随者，她们精通时尚，并掌握打造自己风格的技巧。喜欢艺术风的人群范围很广，从时尚编辑到落魄的艺术家，所有人都具有让人频频回顾的潜质，也能吸引街头摄影师。图片中这位女士的着装绝对令人印象深刻。夸张的剪裁、不寻常的颜色、混搭的印花和有特点的鞋子，处处体现出时尚感。但是，既然她是一个巴黎女人，她就总会融入一些经典元素，让自己平易近人，而不是超凡脱俗。

着装要点

- 穿设计师定制单品。
- 展示大师级风格技巧(混搭印花等)。
- 让人出乎意料。
- 头发自然散开，妆容要低调。

晚上

极致的高跟鞋，极致的妆容和发型。为了确保自己别具一格，别人穿裙子的时候穿西装，别人选择黑色的时候选择亮色印花，别人都喜欢长发发型时选择短发。一定要确保在融入的同时从人群中脱颖而出。巴黎的艺术女孩并不古怪，虽然她喜欢被人关注，但并不希望让自己看起来像穿着奇装异服一样。所以，她们仍然会用自己的方式来搭配衣服。

着装要点

- 让自己与众不同。
- 至少穿戴一件能有艺术感的单品:一条裙子、一件珠宝、一双鞋……
- 尝试大胆的发型或妆容，例如，剪短的波波头、画成银色的眼睑。

摇滚风

白天

修身的衣服、皮革制品和化着烟熏妆的眼睛，既摇滚又性感。喜欢这种风格的巴黎女人既遵守规则又追求一点点叛逆，以一种不太明显的方式挑战传统。事实上，她们害怕过于性感而显得俗气，更喜欢欲遮还羞的性感。白天，她们会穿紧身牛仔裤、皮裤、烟管裤、迷你裙和紧身连衣裙。她们的衣柜里大多是黑色和中性色，有时也会加入一些流行的红色。

着装要点

- 皮衣、牛仔裤、宽松的针织衫和T恤。
- 风衣。
- 凌乱的发型。
- 无论是平跟靴还是高跟靴，总之要有一双适合各种场合的短靴。
- 穿衬衫不系扣子，把袖子卷起来。
- 不化妆或者只化眼妆和唇妆，但是造型不能太光鲜。

晚上

去参加朋友的生日聚会，可以打扮也可以不打扮。如果不打扮，可以化点淡妆，穿上高跟鞋低领上衣。如果想好好装扮一下，可以穿一条小黑裙配高跟鞋，或者黑色连衣裤配一条大大的金色腰带，再梳个凌乱的发型。

着装要点

- 晚上尽量选择黑色、金色和红色，或者是勃艮第葡萄酒的颜色。
- 化上烟熏妆。
- 外搭运动夹克或机车夹克。
- 不要害怕选择短款的衣服。
- 选择低胸装。
- 举止要从容随意。

第 8 章

穿出自己的风格

Your Own Kind of Beauty

量体择衣

Dressing for Your Body Type

法国女性在追随潮流之前总会考虑适不适合自己，只有在适合自己的外形条件下才会选择时尚的衣服。奇怪的是，有人认为这是不对的，他们主张，无论高矮胖瘦，每个女性穿着同款的衣服都会很漂亮。我觉得，声称某些服装设计在每种体型上都会看起来一样漂亮，这其实抹杀了个体差异。每个人都有适合自己的衣服类型，一件衣服穿在不同人的身上会有不同的效果，这不是件坏事。

衣服本来就应该是让人觉得好看，不是吗？衣服是用来装扮我们的，而不是我们去适应它们。因此，无论在设计服装还是选择服装时，首先都要考虑身材外形的因素。你不可能随意地把衣服搭配在一起而不在意它们是否协调，那么同样，你也不能不考虑衣服是否适合你的身形。

现在还没有哪个品牌能提供适用于所有体型的衣服款式，所以，我们还是要在商店里仔细挑选最适合我们自己的。能给你锦上添花、展示出你最美的一面的衣服才是最适合的。

“能衬托出你美丽的才是最适合的。”

每个女人都是独一无二的，所以，像很多时尚书那样把她们按体型分类不太容易。经常有客户问我她们到底属于哪种体型，因为她们觉得自己同时具有梨型和苹果型身材的特点，这使得她们在书中找不到自己所属类型的穿搭建议。既然简单将身材分为各种类型还不足以给出明确的穿搭建议，那么我的意见是把关注点放在身体的各个部位。你会注意到，我所关注的是比一般人“大”或“小”的身体的某个部位，因为当你的身材不属于标准身材时，穿衣服这件事儿会变得更加困难。我在后面会给一些适合你的穿搭建议，但具体如何做还得取决于你希望让自己看起来是什么样的。

上半身

脖子和肩膀

挺直脖子，昂首挺胸，才会让你显得美丽。要想有优雅的仪态，请注意你的姿势，一定要挺直你的脖子。走路时要向前看——肩膀向后，脖子挺直，保持平衡，就好像你的头上顶着一杯水一样，不要低头看手机。

长脖子

很幸运，所有类型的领口、珠宝首饰和围巾都适合你。

- 较低的领口（例如V领或低圆领）。唯一需要注意的是，它们会加长脖子的长度。
- 高领。维多利亚式衣领和所有其他高领口。
- 普通的领口。比如衬衫领和工装领。
- 首饰。你可以用首饰来装饰你的长脖子，比如大耳环（也可尝试超大款）、粗而圆的项链和颈链都可以。

短脖子

- 选择能让脖子有拉长效果的衣服款式。要避开高领或过分复杂的领口。
- 系围巾的时候，可以把围巾从脖子上拉开，这样就不会让脖子看不见了。
- 项链戴在胸部中间或下方会更好看。

窄肩

• 选择有结构或有体积感的上衣，比如超大号的针织衫或运动夹克。

• 选择能露出乳沟同时又能遮住肩膀的上衣，比如有心形领口和蓬松的袖子的衣服(但最好是晚上穿而不是白天穿)。

溜肩

• 包边是一个不错的选择，因为它们与你肩膀的自然形状相吻合。

宽肩

• 选择任何能给你的轮廓增加垂直线条的东西，这样可以把上半身分成几个更薄的部分。

• 试试V领上衣和吊坠项链。

• 不带垫肩的轻薄款式，比如薄西装外套、丝质和服、薄针织衫等。

• 确保袖子的肩缝正好在肩膀的边缘。

• 不要穿紧身裙、背带装、无肩装或露肩装，这会让你的肩膀看起来更肥厚。

手臂

手臂会为你的外形增添很多特征，所以要选择适合手臂形状的衣服。

纤细的手臂

- 选择有结构感的袖子，或者是面料硬挺的。
- 宽松的袖子，天鹅绒衬衫/夹克、棉质衬衫或羊毛夹克都是你的首选。

肥胖的手臂

- 宽松的袖子，不要那种把手臂勒得紧紧的。
- 如果是短袖，建议选择插肩的或飘逸的袖子，以遮住手臂上的肉。
- 如果是长袖，也要选择有宽度的，比如和服。
- 避免细带的上衣，肩带越宽，你的手臂就越显瘦。

结实的手臂和宽肩膀

- 当穿无袖上衣时，会让发达的肌肉显露出来，这样可以让手臂看起来显小一些。

胸部

这可能是男性服装设计师经常忘记考虑的要素。但这让我们这些胸部不够丰满的人更容易找到合适的衣服。但无论你是否有个丰满的胸部，下面都给出了一些建议。

平胸

- 宽松版的上衣，如安哥拉羊毛衫或超大针织衫；或者胸部有设计感的，比如有褶边或打结等。
- 有层次感的衣服，比如运动夹克或牛仔夹克。
- 佩戴项链。
- 穿低胸装。
- V领上衣。
- 高腰围的衣服。

丰满的胸部

- 穿夹克时，确保夹克在解开纽扣时前衣襟不会完全跑到胸两侧看不见了，或者系扣穿时被胸部撑得要裂开。
- 确保衬衫的扣子不超过你的胸部，布料也不会压平胸部。要选择柔软面料的衬衫，并且把袖子卷起来，这样穿衬衫更好看。
- 不要在胸部位置再增加细节，比如蓬松的面料、褶皱、装饰等。
- 避免穿圆领或高领的紧身上衣。
- 最好选领口低的，最好不要露出乳沟。
- 不要穿紧身高腰的裤子，那样会让你的胸部显得更突出。
- 佩戴只到胸口的短小的项链。
- 如果没有肚子，可以把上半身塞进低腰裤里。
- 如果腰比较细，那无论你的胸部是平的还是丰满的，有腰身的上衣或裙子都会衬托出你沙漏型的身材。
- 如果肚子比较鼓，选择低领口的流线型上衣，既不紧也不肥的，长度与臀部齐平。可以搭配运动夹克或开襟羊毛衫穿。

腰部

由于通常男性腰线是不明显的，所以“腰”这个特征被认为是非常女性化的。当然，这并不意味着你必须有一个曲线腰才能看起来有女人味。

细但没有曲线的腰

- 大多数的上衣都适合。但是不要穿那些会让人注意到没有腰部曲线的修身款，比如高腰牛仔裤和紧身上衣。
- 可以通过束紧宽松的上衣和裙子来打造腰部的曲线，比如用大号衬衫配腰带，或者用宽松的T恤配高腰溜冰裙。确保腰部区域明显小于上身和下身。

粗腰

- 选择直筒式的上衣和连衣裙，会与身体非常贴合，但一定不要过紧或包裹你的腹部。
- 层次感会让丰满的腹部显得苗条些。通过腰带、束腰的裙子或风衣来营造细腰的错觉在这里是行不通的，因为它只会把焦点集中在你的粗腰上。
- 如果你有中等大小的胸部和狭窄的胸廓，不妨试试高腰线的衣服。

细且有曲线的腰

- 如果你拥有这样完美的腰身，束腰、系带、紧身上衣和连衣裙随便你穿，当然你不需要总是这么做。

腰部以下

髋部

如果你髋部很好看，你会显得更有女人味。髋部是少数只有女性才有的特征之一，这就是为什么让这个部位突显出来会更有吸引力。当然，即使你的髋部不突出也不要紧。

窄髋

这样的髋部与腰部看上去在一条直线上，没有明显的对比，所以，无论身材是胖是瘦，因为没有髋部会感觉没有明显的腰线。

• 用直筒式或宽松的上装搭配直筒式下装，比如，用宽松或飘逸的上衣搭配紧身裤、直筒裤或烟管裤。

• 紧身衣或紧身裙也很适合，重要的是下半身能紧贴髋部。

• 穿长一点的上衣、和服或开襟羊毛衫，可以增加髋部的丰满感。

• 如果你身材纤细，可以用下摆营造出沙漏型身材的假象，这样可以增加身体两侧的丰满度，可以试试梯形短裙、溜冰裙、有口袋的裙子。

• 低腰的中性牛仔裤可以营造一种帅气的感觉。

宽髋

拥有宽髋翘臀的沙漏型身材配上紧身裤、束腰裙或束腰裤会令人惊艳，但这并不是说只有这一种打扮，还有很多选择。

• 能突出腰部和臀部的款式，比如A字裙、溜冰裙、高腰紧身裙或长裤。

• 如果想让自己的身材看起来不那么性感，让髋部不那么突出，上身可以穿流畅或直筒的款式，并且长度刚好到髋部的最宽处，这样会减少腰部和髋部之间的反差。

• 将飘逸或直筒式上衣与紧身牛仔裤、直筒式长裤和直筒式或飘逸的裙子搭配。

• 想让宽大的髋部显得小一些，可以用喇叭裤来保持平衡。

臀部

我选择把髋部和臀部分开来考虑，因为臀部可以从侧面和后面看到，而髋部则是从前面和后面看到。

普通臀或扁平臀

- 如果你从侧面看很笔直，可以试着穿长一点的上衣和多层次的衣服，或者任何看不见屁股的衣服，比如A字裙、直筒裙或飘逸的裙子。
- 你也可以选择有褶皱和任何能增加体积感的裙子。
- 如果你想让你的臀部看起来更圆润，可以试试在牛仔裤上添加一些轮廓线。

翘臀

- 任何高腰或紧身的裤子或裙子都能突出你的优点。
- 束腰、系腰或紧身连衣裙会让你看起来更迷人。
- 如果你想让你的曲线不那么明显，可以选择飘逸的下装和长款的上装。
- A字裙、直筒裙、飘逸裙也能掩盖你的翘臀。

腿

可可香奈儿（Coco Chanel）建议女性们遮住膝盖的那些日子早已过去了。如今，在香奈儿之家，卡尔国王（King Karl）设计了花呢迷你裙。无论你是否想露出膝盖，下面的建议都会让你的腿看起来美极了。

短腿

• 迷你裙和短裤可以让腿显长。
• 如果不想直接露出皮肤，可以穿不透明或半透明的连裤袜。
• 如果腿部曲线优美，可以选择紧身牛仔裤来凸显腿形。不过，如果裤子很薄，还是选择直筒裤比较好。
• 选择与腿的肤色相配的鞋子会在视觉上拉长腿部，或者穿深色鞋子搭配配套的连裤袜也有这种效果。如果要穿平底鞋，选择鞋底较厚且位于脚踝以下的鞋子。
• 喇叭裤搭配松糕鞋可以让腿看起来更修长。
• 如果腿比上半身短，选短上衣和高腰裤。
• 如果腹部比较胖，上衣选择刚好到腹部以下的飘逸款。

长腿

• 所有的裤子和裙子都很适合，即使中长和拖地长裙也随便穿。
• 如果腿长且个子高，迷你裙和短裤会显得非常性感。想要看起来更随意，可以搭配平底鞋。
• 如果腿比上半身躯干长，那么选择至少达到臀部的上衣。

粗腿

• 远离有侧袋的裤子或裙子。远离有前褶的裤子(除非褶皱已经缝到位，并且在穿着时不会变平)。
• 为了减少小腿和脚之间的对比，选择宽跟、平跟或厚底的鞋。
• 穿中长裙的时候，一定要配上高跟鞋。

超细腿

• 选择小巧精致的高跟鞋。

• 如果穿长裤，选择厚一点的面料。

适合你肤色的色调

从20世纪80年代起，染发已经开始流行。设计师们不仅根据你的肤色，还会根据你的发色给出所谓的适合你的色彩名单。这虽然听起来很好，但有时流行色在你的色彩名单里却找不到。所以，我的一些客户经常会带着困惑来咨询我，因为她们觉得在适合她们的色彩名单中找不到与流行匹配的颜色，有时颜色还有些过时。

有些颜色确实能提亮人的肤色，但任何建议都不应该太死板或太局限，而且它们只适用于面部附近的颜色。其实，你可以穿任何你喜欢的颜色的鞋，你也可以用不适合你的颜色来平衡它。例如，如果你穿米色衣服不太适合，但你仍然可以穿它，只要你用一种与它互补的颜色来弥补，穿起来仍然会很漂亮。所以，当你穿一件米色风衣时，可以搭一条珊瑚色的围巾或涂上珊瑚色的口红。

在后面几页的内容中，我会提供一些关于色彩的建议，但都不是绝对的，只是看起来可能还不错的建议。此外，要想穿出巴黎范儿，不管你是什么肤色，衣服的基调要选中性色，再加点颜色。当然，如果能选择最适合你的颜色，那就更好了。

白皙肤色

这里我指的是那种冷白皮，我经常遇到有这种肤色的客户，她们大多喜欢穿黑色，看起来很严肃。她们不喜欢淡色，因为她们觉得淡色会让自己看起来显得憔悴，但事实恰恰相反。根据不同发色可以有很多选择。

金发

- 浅灰色、米色和白色是完美的中性色，都非常适合。但不要穿奶油色，它会使你显得有些憔悴。
- 柔和的色调，如灰蒙蒙的粉色。柔和的色调会突出你瓷器一样的肤色。
- 担心自己看起来很沉闷？那就搭配柔和的亮色，比如金色、玫瑰金和银色。或者一些更鲜艳的颜色，比如，黄绿色、芭比粉和珊瑚色，都是很好的搭配。卡其色也可以很好地搭配白色、米色和玫瑰色。
- 涂上睫毛膏、紫檀色或珊瑚色的腮红和口红，会让你的脸焕然一新。
- 棕色和焦糖色是典型的优雅色，穿这些颜色时可以配上酒红色的口红。
- 在着装方面，海军蓝是黑色最好的替代品，也可以尝试用森林绿或紫红色来代替黑色。
- 如果你想让自己看起来更出众，你可以选择一条黑色的裙子，用它来搭配不化妆的造型，能营造一种前卫的风格，或者用眼妆和红唇来营造迷人的效果。

黑发

- 棕白色、米色和黑色是最适合你的中性色。
- 糖果色，如薄荷绿、淡蓝色、乳粉或淡黄色，可以营造一种机智诙谐的感觉。
- 深色的眼影，比如黑色和金色，会突出你的哥特式美，也可以选择深紫色、酒红色或森林绿色。
- 选择红色会打造出大胆的风格，而珊瑚色则打造出清新的效果。

褐发

- 白色、米色、海军蓝、灰色和黑色是最适合的中性色。
- 为了让你的头发看起来更华丽，可以用深绿色或蓝色的衣服来作对比。
- 如果你想给人惊喜，那就穿温暖、大胆的色调，比如红色、粉色、黄色、紫色，甚至淡紫色。
- 如果想选择亮色，可选择银色、金色和金属色。

中性肤色

这里说的中性肤色是指白皮在夏天太阳晒后呈现的浅棕色肌肤。对于中性肤色的人来说，不管头发是什么颜色的，大多数颜色都适合你。

• 米色、灰色、白色、奶油色、海军蓝和黑色都是完美的中性色，棕色、焦糖色、灰褐色和近乎中性的色调都会让你的肤色变暖。

• 用珊瑚色、罂粟色、亮红色或深红色的唇膏来突出你的魅力，搭配任何明亮颜色的配饰都可以。

• 红色或任何暖色调的衣服都是一个绝佳的选择，柔和的蓝色和绿色会与你的肤色形成完美的对比。

• 选择带有黄色基调的粉色，远离薄荷绿或蓝宝石之类的冰色。

• 多选些黄金、玫瑰金或铜首饰。

古铜肤色

皮肤呈古铜色的包括那些有着栗色或深黑色头发的女性，以及有印度血统、拉丁血统、中国血统或白种人血统的女性。不同的是她们皮肤的底色不同。

• 和古铜色皮肤匹配的中性色是白色、乳白色、灰色、海军蓝色和黑色。避免与肤色过于相似的米色结合。

• 白色的确能提亮脸色，可以搭配天然皮革、黄金或白银珠宝。

• 至于强调色，可以选择宝石色，如祖母绿、蓝宝石、粉色或紫色水晶。阳光黄和霓虹色也是不错的选择。

黄皮

适合黄皮的最好中性色是白色、奶油色、沙色和黑色。

• 白色也可以提亮你的皮肤，你可以将它与粉色、土黄色和金色搭配。

• 暖色很适合你。如果你想大胆一点，可以试试樱桃红色、深杏色或糊状绿色。

• 经典的深色眼影。可以试试深蓝色或黑色。

深色皮肤

如果你的肤色很深，可以穿浅色调和饱和度低的颜色衣服，这样可以形成对比。

• 最适合的中性色是白色、奶油色、米色和黑色。用金色、亮红色或蓝色来突出它们，打造出优雅、易穿的日常服装。

• 如果你想大胆一点，可以选择高度饱和的颜色，比如亮蓝色、明黄色或樱桃红色。

• 淡紫色或香蕉黄色等冷色也很适合。

第 9 章
巴黎女人穿搭秘籍

Secrets of la Parisienne

paris

巴黎风格的艺术

The Art of Parisian Style

很多法式裙子都有口袋，这在其他国家是很少见的，这是巴黎风格的象征——优雅和日常的结合。衣服不仅仅是衣服，它还是一种态度，一种行为方式，一种造型和一种购买的艺术。这就是巴黎女人对性感的独特看法。她们在所有事物上都融合了古典主义和自由主义，她们在服装上的生活方式，以及她们对潮流的独立思考，引导她们以负责任的方式管理自己的衣橱（在它过时之前）。

要想穿出巴黎范儿，你需要了解巴黎女性的做法：衣服怎么穿，怎么买，如何存放，如何穿搭。

这一章我将分享专业人士在头发、美容和内衣领域的一些观点，巴黎女人对性感的看法，以及如何区分好衣服和坏衣服，如何整理你的衣橱等。

“要想穿出巴黎范儿，你需要了解巴黎女人的做法。”

巧妙的性感

法式风情“只可意会不可言传”的秘诀之一就是性感。巴黎女人拥有自己的穿衣风格，她试图取悦的第一个人是自己，但这并不是说她不为别人着想。她可能会为了参加活动而精心打扮，为了会见相亲对象而精心打扮。为了达到目的，你应该知道什么样的衣服穿在你自己身上更有吸引力，什么样的衣服对别人有吸引力（或者对某个特定的人有吸引力），当然还有一些简单的诱因可以让一件衣服在法国变得性感。

对巴黎女人来说，性感意味着暗示，所以她们喜欢玩一些小心机，比如让一件超大号的毛衣领口滑落以露出肩膀，在裤子和鞋子之间露出精致的脚踝。事实上，你遮得越多，暴露的身体部位就会越突出。如果你穿上超紧超短的迷你裙，你的脚踝不会引人注意，但如果你穿上七分裤，你的脚踝会成为焦点。

性感的5要素

1. 精致的面料

丝绸、羊绒、皮革都是非常性感的面料。丝质的面料在皮肤上滑动，当你走路时，它就像水一样在你周围流动。羊绒可以轻抚你的皮肤，让衣服和你一样温柔。薄皮革就像你的第二皮肤。

2. 原生面料

我很喜欢粗糙的材料（比如厚的牛仔裤、复古的皮革或原材料）和柔软的皮肤之间的对比。

3. 透明的织物

稍微透明或非常透明，用它们来制造神秘感，甚至凸显你内衣的轮廓。

4. 打扮得像个男孩子

男人有时喜欢女朋友借他们的衣服穿。

5. 穿得极具女人味

其特点是行为和穿着方式非常女性化：一个成熟、坚强的女性，知道自己想要什么，并对自己的魅力充满信心。

若有若无地露出些部位

耳朵

只在一侧戴耳套或耳环。把头发系在一边，像劳伦·巴考尔（Lauren Bacall）或蕾哈娜（Rihanna）那样。

锁骨

解开衬衫上多余的扣子或加一条精致的金项链。

脖子（你的后颈）

如果不是短发，把头发松散地扎起来，让几缕头发散下来。

后背和肩膀

开背上衣显然是一个性感的选择。想要更精致，可以穿V领的羊绒衣服——也许它会从你的肩膀滑落，露出你的胸带——只要是精致的就行。

有镂空的裙子

敢于穿有镂空的裙子，在意想不到的地方露一些皮肤。

手腕和脚踝

七分裤和短袖是很好的选择。用精致或厚重的珠宝装饰手腕，当你移动的时候会把他人的注意力吸引到你的手腕上。

大腿

过膝袜子或靴子上方裸露出一部分很性感，为了不显得俗气，上身要穿得体的衣服。比如，厚毛衣搭配过膝长靴就很完美。你也可以试试看起来像吊带裤的紧身裤袜，再搭配一套非常低调的衣服。

自然美

很多时尚大咖都是不涂睫毛膏的。尤其是在时尚界，人们穿着更自由。巴黎设计师伊莎贝尔·玛兰（Isabel Marant）多年来常戴着墨镜，并把灰白的头发扎成高高的发髻。很多人化妆或不化妆，都取决于当天的心情，这意味着她们认为化妆不是必需的。为什么呢？男同事不需要化妆。所以，我们女性为什么要每天早上花 20 分钟涂防晒霜呢？

不要误会我的意思，我喜欢把化妆作为一种改善风格的工具，但它不应该成为一种限制，你必须每天早上化妆。就像女性不应该为了遵守社会习俗而被迫穿高跟鞋一样，化妆应该只是一种选择。

当法国女性化妆的时候，是为了增加自己的美丽，或者是玩味它，而不是为了给自己设计一张新的脸。因此，浓妆艳抹的潮流，如修容、假睫毛或浓眉，在法国永远不会像在其他国家那样大获成功。

我和高端化妆品品牌Prescription Lab的创始人Sarina Lavagne d'Ortigue聊了聊巴黎女人早上在脸上用什么。

巴黎女人的美容习惯是什么？

最重要的是美丽的皮肤。法国女性经常使用磨砂膏、保湿霜和面膜。然后她们用化妆品来增加自己的美丽。在颜色方面，她们喜欢自然的色调，比如白天用柔和的玫瑰色或棕色，用睫毛膏来突出眼睛。如果她们想要一个美艳的外表，她们只需要一支鲜红色的口红。La Parisienne 对化妆很感兴趣，她认为这是一种表达个性的方式。她会用它来突出自己的个性特征，而不是试图看起来像明星或有影响力的人。一个有浓眉的金发女郎可能会通过化妆突出它们，但一个长雀斑的红头发女性也不会试图掩盖它们。

真的不化妆吗？

嗯，当你是伊莎贝尔 · 玛兰（Isabel MaranT）的时候，你可以做出一种时尚宣言，但对大多数女性来说，至少应该化淡妆，以免看起来邋里邋遢。

自然的发型

如何才能拥有那种自然的波浪呢？深褐色的色调，随性的（凌乱的和未完成的）态度。悄悄告诉你：毫不费力不是神话。法国女人不太擅长自己梳理头发。她们会修整头发，（有时）用吹风机吹干，但仅此而已。偶尔她们会扎个辫子，凌乱的发髻或马尾辫。除了在巴黎西部，那里金发更受欢迎，大多巴黎女人只是把头发吹干就好。

我向奢侈护发品牌Leonor Greyl的创意总监Vinz请教他对巴黎女人发型的看法。

你如何定义巴黎女人的发型特点？

我觉得典型的巴黎女性的发型是先梳好再吹干。她们追求的是快速而又有效，毕竟她们不想在这上面花太多时间。当法国女演员来找我做头发的时候，她们总是强调要自然，她们不想让自己的头发看起来过度加工，所以她们不喜欢熨烫光滑或卷曲的发型。

你能告诉我，同一款发型“les blondes of the seizi è me arrondissement”在法国跟美国有什么不同吗？

它没有那么高。理发师用吹风机和梳子把发根吹起来，这叫作“CariTa”，源自发明它的美发沙龙的名字，可以参照凯瑟琳·德纳芙的发型。有些女士每两天去美发店做一次这种发型。在维达·沙宣（Vidal Sassoon）打造发型之前，这实际上是理发师的工作。

巴黎女人更喜欢什么样的发型

在发型方面，巴黎女人更喜欢融入周围的人（可能是因为她不想让自己的头发因为怪异而引起大家的注意）。如果她真的想彰显自我，她只会留刘海儿或梳波波头。

巴黎女人会用一些假发片吗？

只要看起来自然就行。巴黎女人还会使用额外的夹式假发来让稀疏的头发显得更浓密蓬松：比如让顶髻看起来更蓬松，或者让长波波头看起来更丰满。

头发的颜色呢？

你可以保持发色自然，用高光或稍微深一点的颜色来加深你的自然美。

那些决定保留白头发的女性呢？

比如颇具影响力的记者苏菲 · 方塔内尔（Sophie FonTanel），她刚刚出版了一本关于自己头发颜色转变的书。满头白发可以彰显个性，也可以很时髦。配上合适的服装，这绝对很摇滚。而一个上了年纪的女性在吹干头发的时候，就会变得超级时髦。你只需要用护发素和洗发水好好保养，避免头发发黄就好。

典型的晚装发型是什么？

当然是容易操作的法式盘发。

穿出自己的风格

法语中有句话叫“住在衣服里的人”，翻译过来就是让衣服活起来。挂在衣架上的衣服是没有生气的，这就是时装要穿在模特身上而不是在陈列室里展示的原因。因为每个女人都不一样，你不能给她穿上衣服就走，这就是为什么在后台会有造型师，他们负责安排模特身上的衣服，调整褶皱，在这里加一条腰带，在那里把领口撕得更开一些，甚至在最后一刻进行剪裁调整。

当你购买一件衣服时，要像设计师一样做同样的事——如果有必要的话做些改变，然后把它和其他衣服搭配起来。有些衣服的优点在于你可以用 100 万种（好吧，是 3～4 种）不同的方式来设计它们。

你对衣服进行改造了吗？

当然，最好是买最适合自己的衣服。但是，既然是成衣，顾名思义，就是现成的，所以不是每个人都能穿的，可能还得做些改动。不要因为一件近乎完美的衣服需要小改动，比如缩短腰带或收紧腰围，就不穿它了。在购买之前，问问售货员，或者问问商店的裁缝（百货公司总是雇用裁缝），看是否可以改衣服，以及服务费是否值得。请不要觉得你的尺寸不合适，因为衣服总是需要修改到合身的。地球上不可能所有的女性都适合标准尺寸。我的客户经常抱怨她们个子太矮，因为裤子总是太长了。嗯，制造商这样做是为了防止有些又高又瘦的女性想要购买和你一样的尺寸。不用沮丧，根据我的经验，只有身高超过 1.8 米的女性才不需要改衣服。不然，你的衣服将永远凄凉地躺在你的衣橱里，永远悲伤，只有飞蛾才能欣赏它的美（多么悲惨的命运啊）。

要不停调整你的衣着

一个时髦的女人穿衣服时总会不停地进行整理，将一边拉平，抚平褶皱，打开扣子，卷起袖子等，一边调整一边观察效果。这一点值得学习，直到达到最好的穿着效果。

我已经分享了一些卷起袖子和系围巾的小技巧（见第 111 页和第 152 页），但你知道把上衣塞进高腰裙的技巧吗？把上衣塞到裙子腰带下面，然后撩起裙子，把上衣从下面拉下来，抚平布料，让它平躺在裙子下面（希望在这个时候没有人进入房间）。如果你的上身衣服是飘逸的面料，轻轻地把它再稍微向上拉一下，这样它就不会很死板。

因为你一天当中要不停地活动，所以随时都要对衣着状态进行调整。这可能听起来要求很高，但时尚的女人们甚至都不需要去想，这对她们而言易如反掌，就像重新涂口红一样简单。

DIY你的衣服

通常只有从二手店和旧货店买来的基本款衣服才需要 DIY。比如，用剪刀剪一下牛仔裤，把你的波斯猫的名字绣在 T 恤上，把白色牛仔裤染成浅粉色，给牛仔夹克加补丁，用一条复古丝巾来做上衣，你还可以随心所欲地缝上一些亮片。但是，不要带着 DIY 想法去买更精致（昂贵）的衣服，即使是为了去掉肩膀上烦人的打结，或者通过染色改变颜色。通常，它们都是经过精心设计的，很难改变。

关于内衣

法国人发明了短裤和尼龙紧身裤（连裤袜），目的是让女性摆脱内衣束缚。前者是由一个叫 PeTiT BaTeau 的品牌在 1918 年创造的；后者是在化学家 EleuThere Irenee du PonT de Nemours 于 1938 年发明尼龙之后发展起来的。自 17 世纪以来，我们的自由主义者传统已经开始欣赏所有精致而富于启发性的事物，蕾丝、缎带和丝绸成为流行的内衣主要面料。当谈到内衣时，我们的身体和心态都是自由的。这可能就是为什么法国百年内衣品牌 ETam 在 2016 年将其大型时装秀命名为“法国自由主义者”。

以下是我与专门从事内衣品牌和潮流的顾问Anne-Sophie GobleT关于巴黎女人对内衣的喜好的交流。

如何来描述巴黎女人的内衣风格？

不经意间的性感。巴黎女人不会去刻意表达性感，她们的性感总是不那么明显，却又不经意间流露。

流行的文胸款式是什么？

全杯文胸和半杯文胸是最受欢迎的两种款式。巴黎女人首先追求的是舒适和轻便。她们不太喜欢太厚或聚拢型的文胸。越来越多的新品牌也在打造轻薄透明的亲肤文胸。例如，年轻品牌 Yse 的宣传语是“你天生完美”，该品牌声称做无衬垫文胸。甚至有一些女权主义的年轻女性不再穿文胸。在法国，透过外衣能看见乳头形状不是问题，这是一种赋予自己力量的方式。

巴黎内衣的风格是什么？

性感又富有趣味和时尚。你可以像摆弄其他任何时尚物品一样摆弄你的内衣。文胸有各种各样的款式，从俏皮的性感，到超级复杂的款式。你可以在全套行头中露出一点内衣，如一条肩带、一件紧身衣、一件背心。

叠穿

可以用“穿得像个洋葱”来形容衣服叠穿，虽然穿得像洋葱听起来不是很有魅力。叠穿除了可以保暖之外，看起来也超级时尚。此外，叠穿还是一个适应一天中气温变化的好方式。让我来分享一下如何成为一个时尚的“洋葱”吧！

样式

敞开穿时，马甲、运动上衣和开襟羊毛衫应该是垂直的，不能形成三角形，也不能藏在腋窝下。如果面料有足够的垂度，你就可以避免这个问题。

注意裙摆和领口。一定不要在V领下面露出圆领口。如果你觉得你的V领太深，可以选择紧身文胸。方正的香奈儿风格的低领口夹克也是如此。

维多利亚式衣领和高领能让你的圆领毛衣和衬衫更好看，同时还能保暖。

小贴士

有两种叠穿方法：

- 垂直分层——敞开穿时，不同层的衣物都是垂直的线条。
- 水平分层——外层的衣服要比底层的短。

可以穿一件长衬衫，让领子、袖口和下摆都能露出来，为套装增添亮点。

让浅色 T 恤的下摆露在深色毛衣和裤子之间，可以增加轮廓的清晰度。

面料

最外层衣服的面料是最厚、最硬的，否则，看起来会像是一只毛茸茸的泰迪熊。

各层衣服的面料应该看起来不一样。在运动 T 恤的外面再穿一件运动 T 恤会让你看起来很怪，而且你的衣服也不匀称。你也可以把类似的面料分层搭配来穿。例如，一件薄牛仔衬衫配一件厚牛仔夹克，或一件宽松紧身针织衫配一件精致的紧身针织衫。

利用透明面料来搭配叠穿法。例如，在背心外面套上镂空的针织衫，或者在圆领毛衣里面套上一件透明的高领上衣。

宽松、肥大的衣服搭配有条理的、硬挺的衣服会产生超级时尚的效果。比如在松软的 T 恤或针织衫外面套上合身的机车夹克。

长度

垂直分层搭配时，最外层的衣服可以比下面的层更长。比如，一件男式西装外套下面叠穿一件 T 恤和牛仔衬衫。也可以和水平分层搭配结合起来，最外层短一点。比如，一件超大号的羊绒 V 领上衣配上一件短而硬挺的牛仔夹克。

当水平分层叠穿时，不要害怕不同寻常的混合。为什么不在一件长而硬挺的棉衬衫上再搭一件短毛衣呢？或者在无袖上衣里面穿长袖，也可以在文胸里穿一件 T 恤。

可以穿多少层?

我推荐 2 ～ 3 层，最多 4 层。

- 第一层（最薄的）：连衣裙、T 恤、衬衫、薄针织衫、毛衣。
- 第二层：敞式衬衫、开襟羊毛衫、针织衫、牛仔夹克。
- 第三层：牛仔夹克、开襟羊毛衫。
- 第四层：外套。

创意

不管你穿什么衣服，也不管你怎么搭配，你都能感觉到自己没有变化，而你的同事似乎每天都在改头换面。不要只是羡慕她，要试着向她学习。你可以试着分解她的着装来获得灵感。想知道为什么这条灰色的工装裙穿在她身上很好看吗？观察她是如何装扮的，她穿的是什么鞋，她有没有把上衣塞进去。当你确定了你喜欢的东西后，找到一种适合自己的着装方式。观察和分析，并与你的实际情况结合，这是获得时尚创意的最佳途径。

现实点儿

创造力总会受到限制。比如，你可能被邀请参加一场绿色主题的森林婚礼。这意味着你必须穿绿色的衣服，而且森林夜间可能很冷，你还需要一双可以在泥泞的草地上走路的鞋子。这听起来很糟糕，但实际上是你走出舒适区最好的办法。老实说，如果不是发生这种情况，你永远不会穿绿色的衣服，尽管它看起来很迷人。

灵感无处不在

观察别人是如何变时尚的，这是训练你的审美并获得灵感的最好方法。环顾四周，灵感可能来自任何地方。

- 大街上的一位女士用高跟短靴来搭配七分裤。
- 电视广告中的红头发的人（就像你一样）穿着一条黄色的裙子，颜色非常适合她。
- T台上的模特们穿着西装和运动鞋。
- 杂志上的照片中设计师把渔网和灯芯绒裤子混搭在一起。
- 甚至还有房子的图片，里面的真皮沙发和奶油色的针织靠垫非常相配。
- 在大黄的茎上，绿色和粉色看起来很和谐。
- 自学时尚知识，你的眼睛越训练有素，你就会变得越好。读一些关于时尚历史和设计师的书，买杂志，看看时尚博客，观察你身边时尚人士的风格。

打造细节

你的衣橱里是不是有些衣服真的很难和其他衣服搭配？有两种情况：

1. 它们本身是有趣、时尚的单品，是个性单品。你只需将它们与基本款结合起来，就能搭配出令人惊叹的效果。

2. 它们包含了太多多余的细节。

包含多余细节的款式

当一些人不敢追求太过夸张的款式，但又渴望为自己的穿衣风格增添情趣时，她们往往会选择这种。但现在你已经快读完这本书了，你知道，要想变得时尚，所需要的只是一些基本款和一些个性化的东西，以及一些配饰。

一件包含多余细节的衣服包含了细小的元素，这些小元素还不足以改善你的风格，但每次你试图搭配它们时，它们都会提醒你它们的存在。你会发现它们在基本款衣服上都是快速流行然后又消亡了，就好像添加了细节就是为了让这件衣服变得有趣。但对于高端或奢华的服装，细节处理得会非常巧妙，实际上会增强衣服的美感。

多余的细节

- 在针织衫上的手肘处镶上水晶，这并不会让你的手肘显得迷人或时髦，反而会让这件羊毛衫超级难搭配。
- 劣质的、细小的聚酯流苏，不会给你的服装带来任何时髦的感觉。
- 缝制的蝴蝶结，很快就会看起来很扁平，皱巴巴的，很难看。有很多更好的选择可以让你的上衣看起来更有女人味。
- 带有钉饰的T恤，很快会过时，而且很难搭配，所以为什么不用人造珠宝代替呢？

小贴士

- 用DIY造型代替现成的装饰——与其买一条带有一些水晶装饰的牛仔裤，不如戴上水晶手镯，当你想要炫目效果的时候可以戴上它，而不用担心带水晶装饰的牛仔裤在搭配休闲装时上面的水晶和其他衣服不匹配。
- 在买一件非基本款的衣服时，一定要先想一想：这件衣服和普通的牛仔裤或T恤搭不搭配，看起来是时髦还是优雅？如果答案都是否定的，那么就不要选。

锦上添花的细节

这种细节其实很难与多余的细节区分开来，但它们能为衣服锦上添花，让一件衣服成为时尚单品，在增强整体效果的同时又足够低调，使其易于搭配。这些细节通常意味着高质量的面料和设计。

醒目的细节

这些细节赋予一件衣服足够的魅力，使它不仅仅是一件基本款。例如：

- 锯齿状的衣领。
- 脖子上的猫咪蝴蝶结。
- 肩膀上的加厚肩垫。
- 裙子上的大纽扣。
- 裙子周围的荷叶边。

精巧的细节

这样的细节虽不会立刻夺人眼球，但会让你的风格总体得到改进。例如：

- 优质的珍珠贝纽扣。
- 牛仔裤的单个口袋。
- 腰间的皮带。
- 鞋底的颜色。

优化衣橱

每天早上打开衣橱，你可能都在烦恼不知道该穿什么，这可能是因为你的衣服太多了：几十件无聊的灰色衣服，曾经流行的新潮上衣，颜色过时的牛仔裤，甚至还有妈妈留给你的衣服。当然，也可能是因为你的衣橱空荡荡的，这就像每天早上看到一个空冰箱一样烦人。

以上两种情况我在客户家里都遇到过，当然，前一种情况更多一些。无论是哪一种，你都需要对你的衣橱进行一些优化。

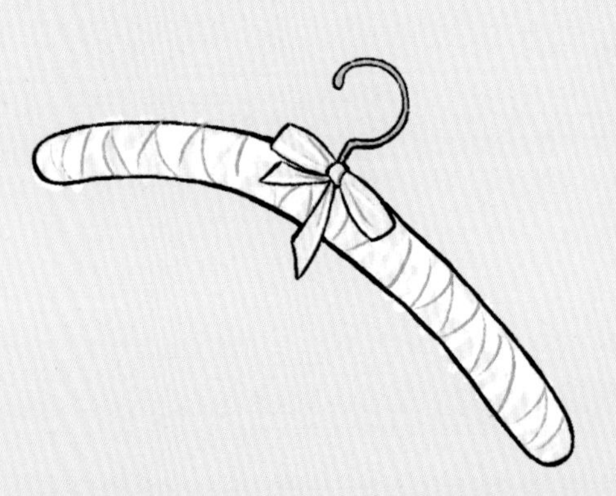

1. 把衣服进行分类

把你的衣服和饰品(鞋子、珠宝、外套，所有你穿的东西)分成三类：

- 经常穿的衣服。
- 喜欢但不怎么穿的衣服。
- 不喜欢的衣服。

然后开始分析。这个过程可以由你自己来完成，也可以和一个坦诚时髦的朋友或者一个私人设计师一起完成。

经常穿的衣服

这类衣服通常都是基本款的、适合自己的或容易搭配的。问自己以下几个问题：

- 你为什么经常穿这些衣服?
- 你喜欢它们什么?
- 它们容易定型吗?
- 它们能衬托你的身材和肤色吗？为什么?

然后仔细检查它们。有时你可能经常穿一件衣服，以至于你没有注意到它已经和之前不一样了。确认一下：毛衣起球了吗?黑色上衣被洗坏了吗? 腋下的黄色污渍还能洗掉吗? 还值得改造吗? 如果上面这些问题的答案是否定的，那就扔掉它。

喜欢但不怎么穿的衣服

这类衣服通常是一些带有多余细节或是与自己的穿衣风格不符的，还有一些个性单品，因为很难搭配，当然搭配得好的话也会很好看。可以问自己以下几个问题，然后再做出选择。

- 你为什么不穿这些衣服?
- 它们适不适合你?
- 它们很难搭配吗?
- 它们穿起来舒服吗?
- 它们符合你的风格吗?

不喜欢的衣服

因为是不喜欢的衣服，肯定是因为你觉得穿起来不好看。其实，在这类衣服中可能会发现一些隐藏的宝藏。找一个发型师或一个有审美的朋友和你一起挑选一下，她们可能会给你一些好的建议。如果没人帮你，那就把它们扔掉吧，因为把不喜欢的衣服放在衣橱里没有任何意义。

2. 整理你的衣橱

首先根据季节把衣物分类，把过季的东西放在看不见的地方。然后把要挂的衣服和要叠的衣服分开。也要把运动服和睡衣与其他衣服分开。

现在你可以开始进行进一步的整理了。如果你没有很多衣服或者只有一个小衣橱，把上衣、毛衣、外套、裤子分类就行了。如果你有很多的衣服，可以创建子类别，比如把上衣中休闲的和正式的分开，把基本款和普通款分开。可以按照同样的方式整理其他物品。

首饰

给自己买一个像样的首饰盒，这样你就能看到自己拥有的所有饰品。把项链挂在墙上，把耳环挂在专用的衣架上，也是让一切都一览无遗的好方法。

其他配饰

把配饰都集中放在同一个地方，收集在一起。比如将围巾和腰带紧挨着鞋架悬挂，手套和袜子也放在附近的收纳盒里。如果你的配饰分布在房间各个角落，那么你很可能会忘记其中一些配饰的存在。

3. 如何处置不要的衣物

扔掉

大写的拒绝——从环保的角度来说，这绝对是种不负责任的行为。

卖二手

卖二手衣物的过程往往很复杂。我建议你只卖有价值的、造型完美的名牌衣服。否则，你总会在卖与不卖中优柔寡断。

捐赠

这是我推荐的一种方式，因为它既快捷又可以帮助到需要的人。为了防止哪天你突然要刷墙，所以，如果你有7件不想要的T恤，你可以留1件，其他的就都捐赠了吧。

淘二手货

在巴黎，旧货店看着总是有点乱，衣服堆放在四处，衣架拥挤，过道狭窄，而且往往有种不好闻的气味。这种环境对一个淘二手货的新手来说可能会感到相当难受。所以，如果只是漫无目的地闲逛，很快就会感到头晕，最后什么都不带就走，或者只买一件可能永远都不会穿的祖母式毛衣。

在旧货店购物时，你有两种选择：1. 一丝不苟地检查店里的每一件商品，一件一件地检查。这可能会花费你几个小时，但你可能会找到真正的宝贝。2. 寻找一件属于旧货店的、经典类别的商品。

军款夹克

你可以用它来搭配任何休闲服装，也可以用它来衬托出性感的外表。为了让它看起来更随意，建议把袖子卷起来。它同样适合高个子和曲线优美的女士，但是娇小的女士应该找一件小一点的，否则穿起来会有点不协调。

牛仔夹克

可以是海蒂·斯理曼 (Hedi Slimane) 那样的超小款，也可以是西尔玛与路易斯 (Thelma eT Louise) 那样的超大款。寻找由漂亮面料制成的牛仔布，不要那些任何有弹性或太单色的。

皮革制品

旧货店里到处都是皮革制品：夹克、短裙、短裤、包、靴子。这是个好消息，因为你无法以更便宜的价格买到这种昂贵的面料了。此外，皮革还有种很酷的做旧风格。但要注意，皮革不要有脏的痕迹（例如被水弄脏）或刮伤痕迹。一件看起来不错的衣服可能会不太适合你，但你可以让裁缝把它改一下。

小印花裙

小印花裙每 10 年都会流行一次，它们很好搭配，不容错过。

印花衬衫

如果你喜欢 20 世纪 80 年代的印花衬衫，那就偷着乐吧，它们正在旧货店里等你呢。好吧，有些是看着有点怪，但这就是一种另类的美，与基本款搭配，它们会给你的装扮增添一抹潮人的味道。你也可以选择其他年代的印花。

牛仔裤

没有弹性的牛仔裤很难穿进去，但它们确实是有史以来最修饰臀部的裤子。最难的其实是如何搭配牛仔裤。你需要有很大的耐心一件件去尝试。如果想要穿得舒适一点，你也可以选择低腰、男友风的牛仔裤。

带亮片的二手货

亮片可能会掉，但亮片不会变旧。所以，如果你在旧货店里发现了一件带亮片的二手货，而且亮片都没掉，你可以预测它们 10 年后还会保持原样。带亮片的夹克和小礼服是派对的完美选择，它们也可以搭配日常的休闲服。

丝绸围巾

在旧货店里，有一箱一箱的爱马仕 (hermes) 风格的围巾、20 世纪 70 年代的围巾和大手帕，一定要仔细找找，直到找到你一见钟情的物品。

印花T恤

比起从快时尚店买仿旧印花 T 恤，或者从香奈儿 (Chanel) 买昂贵的 T 恤，在旧货店只需要不到 10 欧元就能买到真正的某个金属摇滚乐队的宣传 T 恤。如果觉得它太大，可以把它塞进迷你裙里，把袖子剪短或卷起来穿。

永恒与时尚快销

21 世纪初，时尚趋势每 4 年就会发生变化，这种变化速度是前所未有的。各种大品牌几乎都在生产出售时尚快销品，就连可以经久不衰使用的皮包也成了潮流快销品。制造商会宣传：趁它还没过时，赶紧买。曾经与高端商品联系在一起的稀有感减弱了，消费者开始放弃奢侈品牌转而选择时尚快销品。如今，一些品牌利用他们的专有技术、产品质量和品牌背后的故事，也开始走另外一条路线。虽然有些物品并不意味着“永远”耐用，但我觉得不应该把配饰或衣服看作是一次性的消费品。

选择经典款的包

除了一些为了取悦一小部分时尚达人的古怪设计外，大多数手袋公司都回归了更经典的设计。当你买包的时候，尽量选一个永不过时的，就当你可以用它一辈子。要考虑好，两年后你还会喜欢它吗？它的形状适合你吗？它的质量是好还是差？

选择经典款的衣服

现在大多数的衣服都不像过去那样耐穿了，更不用说穿一辈子了。尽管如此，当购买衣服的时候，还是要理智一点，考虑一下它的使用寿命（我认为一件外套的使用寿命是 5 年，其他衣服的使用寿命是 3 年），然后问问自己，在它过时之前，你是否会对它感到厌倦。这样可以防止你的衣橱被那些只穿一两次的流行款塞满。

时尚快销品

我一直主张终身购物的好处，但我知道，不是每个人都有足够的资金预算可以花费在衣服上。无论是线下还是线上的商家都有很多时尚又便宜的商品，但要小心，有些商品在照片上或模特身上比在你身上看起来更吸引人。要有智慧，学习如何分辨好与坏。

如何避免购买时尚快销品时踩坑

检查面料

衣服的价格越便宜质量可能就越差。如果你在网上购买，一定要仔细查看图片并阅读面料成分。小心那些看起来很闪亮的劣质合成纤维和那些看起来很透明的超轻织物（因为它们生产和运输成本较低）。不要在那些需要高质量布料才能看起来好看的物品上买便宜货，比如外套和针织品。买便宜的鞋子和围巾也是一大冒险。没有什么比一条劣质的围巾更能让你的装扮从时髦变得廉价了。

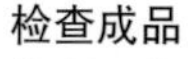

检查成品

仿制一款时装并非总能成功。仅仅是图案、款式或纹理中单一一项可能看起来还不错，但是某些更复杂的制作技术是很难复制的。所以，一定要检查成品的质量，比如做工、缝线，确保足够结实。

买基本款

如果想买便宜的可以选择一些基本款，因为无论是T恤、衬衫或牛仔裤怎么穿都不会出错。

避免多余的细节

正如我们在第226页所看到的，细节设计在廉价的商品上往往体现不出好的效果。

买时尚款

如果想要一件金属色的短款上衣或百褶迷你半裙，不妨买一些便宜的。光泽将隐藏缺陷，并使它们看起来更昂贵。

混合穿搭

为确保外观精美，可以将便宜的衣服与名牌或高品质的配饰及复古风格衣服混搭在一起。

即使是便宜的衣服也不是一次性的商品

衣服便宜不应该成为你买后不穿的理由。布料的生产是以牺牲环境为代价的。所以，无论买什么，问问你自己是否真的适合你，你是否真的会穿它。如果答案是否定的，那就别买，即使它的价格和一杯拿铁咖啡一样便宜。

时尚秘籍

虽然巴黎女人喜欢低调，但她们也喜欢能在人群中脱颖而出。与其说是因为穿了很高调的衣服，倒不如说是因为她们独特的品位而引人注目。我们最高兴的莫过于有人带着羡慕的语气问："你从哪里买到这个的？"一枚小小的戒指会像一件华丽的连衣裙一样受到赞赏。

让我和大家分享一下巴黎女人在购物方面的技巧吧。当互联网遍布世界各地，世界上每个城市的街道都有相似的商店时，你可以买些跟周围人不一样的。我还从我自己的地址簿里选了一些我最喜欢的店，如果你有一天有机会到巴黎来不妨逛一逛。

1. 去发现一些线上和线下时尚品零售商

发现一些隐藏的精品店和新设计师总需要自己做一些研究。我的建议是：

- 读一些以年轻品牌为特色的杂志。
- 关注你最喜欢的时尚偶像的推荐（有时他们会帮助新兴设计师进行宣传）。
- 听听周围时尚的朋友经常谈论些什么，问问她们的衣服都是在哪里买的。
- 转转寻些从未去过的地方，可能会发现一些很棒的工作室和精品店（这一点非常适合巴黎）。

2. 出国时一定在当地试试购物

谁会想到“旅游 T 恤”有一天会成为一种时尚呢？ 当你旅行的时候，关注下那些你在本地不容易买得到的物品。它可能是印度的华丽面料、中国的丝绸上衣、当地珠宝商的手镯、博物馆商店的珠宝复制品、运动品牌夹克、市场上漂亮的泳衣，甚至是儿童手表。

3.寻找独特的复古单品

上在线平台搜索，关键词尽量精确，比如天鹅绒靴子或蛇皮腰带。你可以以买得起的价格，获得一些不一样的东西。另一种方法是在浏览结果之前搜索品牌。在城市里，你可以去旧货店和二手店，在二手店你可以找到比旧货店更多的设计师作品。

首选精品店

手套

• Maison Fabre
Jardins du Palais Royal,
128-129, Galerie de Valois, 75001 Paris
www.maisonfabre.com

帽子

• Mademoiselle Chapeaux
15 Rue des Tournelles, 75004 Paris
www.mademoisellechapeaux.com

珠宝

• Hod
104 Rue Vieille du Temple, 75003 Paris
www.hod-boutique.com

发廊

• Les Dada East
52 Rue Trousseau, 75011 Paris
www.instagram.com/lesdadaeast

内衣

• Bon Marché
24 Rue de Sèvres, 75007 Paris
www.24sevres.com

二手货

• Kiliwatch rue Tiquetonne
64 Rue Tiquetonne, 75002 Paris
kiliwatch.paris/vintage

鞋

• Boutique 58M
Rue Montmartre, 75002 Paris
www.58m.fr

图片引用

谨向以下人士致谢，感谢他们为本书提供图片。

Adeline Rapon @adelinerapon 212, 220; photo Gael Rapon 9

Candice Lake candicelake.com/@candicelake 34

Eve Dupouy www.beaauuu.com 169

photo **Fanny Dussol** for MissPandora.fr/@louiseebelpandora 231

Gisele Isnerdy Giseleisnerdy.fr/@giseleisnerdy 48, 66, 89, 93, 106; photo Amy Ta 47; photo Swann and the Berries @swannandtheberries 37; photo Albane de Marnhac 87

photo **Guillaume Gaudet** for MissPandora.fr/@louiseebelpandora 81

Irma Notorahardjo Refashiongallery.com/@refashiongallery/rollingpearl.com 132, 141, 156

Photo **Jude Foulard** for MissPandora.fr/@louiseebelpandora 30

@juliettekitsch 27, 51, 57, 59; @plusmaevane 120

@leontine_29 78, 126, 139

Madame Virgule madamevirgule.com/@madamevirgule 38, 123, 161, 227

Marie @intoyourcloset photo Clara Ferrand 101

Onayza Sayah @onayza, photo Julien Dabadie @julien_dabadie 222

Paulien Riemis polienne.com/@paulienriemis 113, 117, 124, 129

Paz Halabi Rodriguez pazhalabirodriguez.com/@pazhalabirodriguez 24, 69

Violaine Olga Madeleine @viou 12, 19, 159, 219, 224

Additional credits

Getty Images Bertrand Rindoff Petroff 118; Bertrand Rindoff Petroff/Pierre Suu 155; Christian Vierig 75, 152; Darren Gerrish/WireImage 33; Dominique Charriau/WireImage 178; Edward Berthelot 131, 145, 176, 233; Foc Khan/WireImage 180; Francois G Durand/WireImage 62; Francos Durand/Getty Images for Paramount Pictures 114; Ian Gavan/WireImage 165; Jacopo Raule/GC Images 217; Jamie McCarthy/Getty Images for Marc Jacobs 187; Josiah Kamau/BuzzFoto 11; Kirstin Sinclair 64; Marc Piasecki/GC Images 41; Marc Piasecki/WireImage 98, 179; Melodie Jeng 90, 110, 186; Pierre Suu/GC Images 85, 181, 185; Stephane Cardinale/Corbis 76; Sylvain Lefevre 215; Taxi 204; Timur Emek 23; Venturelli/WireImage 177; **REX Shutterstock** Olivier Degoulange 29; Silvia Olsen 52; Wayne Tippetts 105, 146; **Shutterstock** DKSStyle 61, 102, 170; Huang Zheng 20

Thomas Michard www.thomphotos.paris 7, 54, 82, 142, 162, 182, 184

Illustrations: **Judith van den Hoek**

致谢

感谢我妈妈给我灌输了对服装的热爱。

感谢鼓励我成为私人造型师的安格尔。

还有感谢我的姐妹以斯帖、卡珊卓、奥尔加、内奥米还有佐伊和我爸爸，当我写这本书的时候，他们陪我度过了这个夏天。

还有阿加特、莱娅和在我写作时支持我的昆廷。

感谢我的客户每天教我更多关于女性的知识。

感谢乔伊、马尔维卡、帕梅拉、安妮·利斯、
玛丽安、马丁娜、海伦、伊莎贝尔、凯瑟琳、路易丝、
朱莉、瓦妮莎、海伦，还有多年来我认识和见过的所有漂亮的人。

感谢我的博客读者和我分享他们的意见。

感谢我的理发师教我关于发型的知识。

感谢发型大师维兹。

感谢我的前同事、现在是内衣专家的安妮·索菲。

感谢莎琳娜，她和我一起在 IFM 学习，现在成功经营着自己的豪华美容箱化妆品品牌。

感谢英格丽、塞西尔、艾曼纽埃尔、阿耐斯和费拉
与我讨论她们对时尚的看法。

感谢托马斯的拍照。

感谢法语学院的老师们教会我知识。

感谢萨宾和蒂埃里，以及马汀和帕斯卡的支持。

谢谢！

paris